"十四五"职业院校机械类专业新形态系列教材

CAD 机械绘图图册

主编 刘京辉
主审 林周宁

机械工业出版社

本书为《CAD机械绘图》教材的配套训练图册，选配了63张基础训练图、78张零件图及装配图，由浅入深编排，涵盖了常用的机械零件种类。基础训练图主要针对的是绘图功能配置，零件图及装配图则突出了绘图技巧的综合应用。

本书可以作为职业院校机械类专业教材，也可作为机械设计、机械制造相关企业技术人员的培训教材。

图书在版编目（CIP）数据

CAD机械绘图图册 / 刘京辉主编. -- 北京：机械工业出版社，2024.12. --（"十四五"职业院校机械类专业新形态系列教材）. -- ISBN 978-7-111-76611-7

Ⅰ．TH126

中国国家版本馆CIP数据核字第20247D79K2号

机械工业出版社（北京市百万庄大街22号　邮政编码100037）
策划编辑：王晓洁　　　　　责任编辑：王晓洁　戴　琳
责任校对：宋　安　李　婷　　封面设计：马若濛
责任印制：任维东
北京中兴印刷有限公司印刷
2025年1月第1版第1次印刷
260mm×184mm・9.5印张・232千字
标准书号：ISBN 978-7-111-76611-7
定价：35.00元

电话服务	网络服务
客服电话：010-88361066	机　工　官　网：www.cmpbook.com
010-88379833	机　工　官　博：weibo.com/cmp1952
010-68326294	金　书　网：www.golden-book.com
封底无防伪标均为盗版	机工教育服务网：www.cmpedu.com

前　　言

　　本书为《CAD 机械绘图》教材的配套训练图册，书中的所有图样都以二维码的形式配置了讲解视频（扫码即可观看），它们由长期从事职业教育、CAD 机械设计及数控技能竞赛的专家团队录制，是专家多年经验和技巧的结晶，着重向读者传达高效的"数控绘图"理念，以提高绘图效率、拓展绘图思路。基础训练图的视频配备了详细的操作讲解。绘图思路和技巧丰富，让初学者可以快速上手，特别适用于职业院校的教学。在读者具备了一定的绘图能力和技巧之后，视频讲解内容转向突出绘图思路的引导，在装配图阶段主要展示绘图及装配技巧。

　　本书不仅适用于职业院校的教学，而且适合企业的专业设计人员学习，也可以广泛应用于企业员工的线上培训，还可以用于技能竞赛培训，能达到快速培养专业绘图人才的目的，对从事数控专业的读者大有益处，对 AutoCAD 用户也有很深的借鉴意义。

　　本书由刘京辉、张勇祥、王毓晨、李琛编写，刘京辉任主编并统稿，林周宁主审。

　　由于编者能力有限，书中疏漏和不足之处在所难免，敬请读者批评指正。

编　者

二维码索引

图号	二维码	图号	二维码	图号	二维码	图号	二维码
HT-22-001		HT-22-006		HT-22-011		HT-22-016	
HT-22-002		HT-22-007		HT-22-012		HT-22-017	
HT-22-003		HT-22-008		HT-22-013		HT-22-018	
HT-22-004		HT-22-009		HT-22-014		HT-22-019	
HT-22-005		HT-22-010		HT-22-015		HT-22-020	

(续)

图号	二维码	图号	二维码	图号	二维码	图号	二维码
HT-22-021		HT-22-027		HT-22-033		HT-22-039	
HT-22-022		HT-22-028		HT-22-034		HT-22-040	
HT-22-023		HT-22-029		HT-22-035		HT-22-041	
HT-22-024		HT-22-030		HT-22-036		HT-22-042	
HT-22-025		HT-22-031		HT-22-037		HT-22-043	
HT-22-026		HT-22-032		HT-22-038		HT-22-044	

（续）

图号	二维码	图号	二维码	图号	二维码	图号	二维码
HT-22-045		HT-22-051		HT-22-057		HT-22-063	
HT-22-046		HT-22-052		HT-22-058		HT-22-064	
HT-22-047		HT-22-053		HT-22-059		HT-22-065	
HT-22-048		HT-22-054		HT-22-060		HT-22-066	
HT-22-049		HT-22-055		HT-22-061		HT-22-067	
HT-22-050		HT-22-056		HT-22-062		HT-22-068	

(续)

图号	二维码	图号	二维码	图号	二维码	图号	二维码
HT-22-069		HT-22-075		HT-22-081		HT-22-087	
HT-22-070		HT-22-076		HT-22-082		HT-22-088	
HT-22-071		HT-22-077		HT-22-083		HT-22-089	
HT-22-072		HT-22-078		HT-22-084		HT-22-090	
HT-22-073		HT-22-079		HT-22-085		HT-22-091	
HT-22-074		HT-22-080		HT-22-086		HT-22-092	

（续）

图号	二维码	图号	二维码	图号	二维码	图号	二维码
HT-22-093		HT-22-099		HT-22-105		HT-22-111	
HT-22-094		HT-22-100		HT-22-106		HT-22-112	
HT-22-095		HT-22-101		HT-22-107		HT-22-113	
HT-22-096		HT-22-102		HT-22-108		HT-22-114	
HT-22-097		HT-22-103		HT-22-109		HT-22-115	
HT-22-098		HT-22-104		HT-22-110		HT-22-116	

(续)

图号	二维码	图号	二维码	图号	二维码	图号	二维码
HT-22-117		HT-22-124		HT-22-131		HT-22-138	
HT-22-118		HT-22-125		HT-22-132		HT-22-139	
HT-22-119		HT-22-126		HT-22-133		HT-22-140	
HT-22-120		HT-22-127		HT-22-134		HT-22-141	
HT-22-121		HT-22-128		HT-22-135			
HT-22-122		HT-22-129		HT-22-136			
HT-22-123		HT-22-130		HT-22-137			

目 录

前言

二维码索引

项目一　基础绘图训练 …………………………………………………………… 1

项目二　回转图形训练 …………………………………………………………… 64

项目三　齿形零件绘图训练 ……………………………………………………… 74

项目四　叉架零件绘图训练 ……………………………………………………… 85

项目五　箱体零件绘图训练 ……………………………………………………… 94

项目六　钣金与焊接绘图训练 …………………………………………………… 103

项目七　装配图训练 ……………………………………………………………… 110

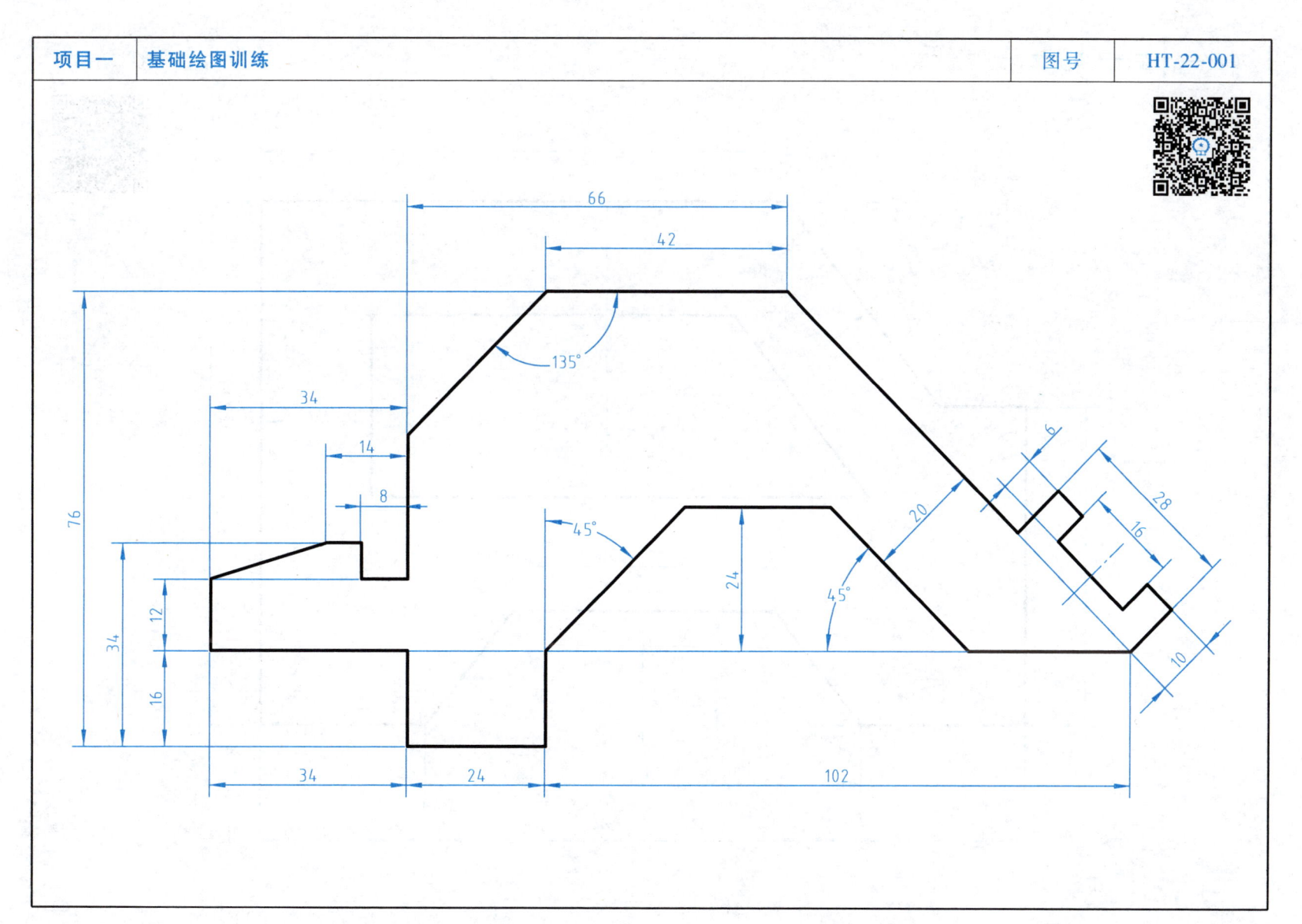

| 项目一 | 基础绘图训练 | 图号 | HT-22-001 |

| 项目一 | 基础绘图训练 | | 图号 | HT-22-002 |

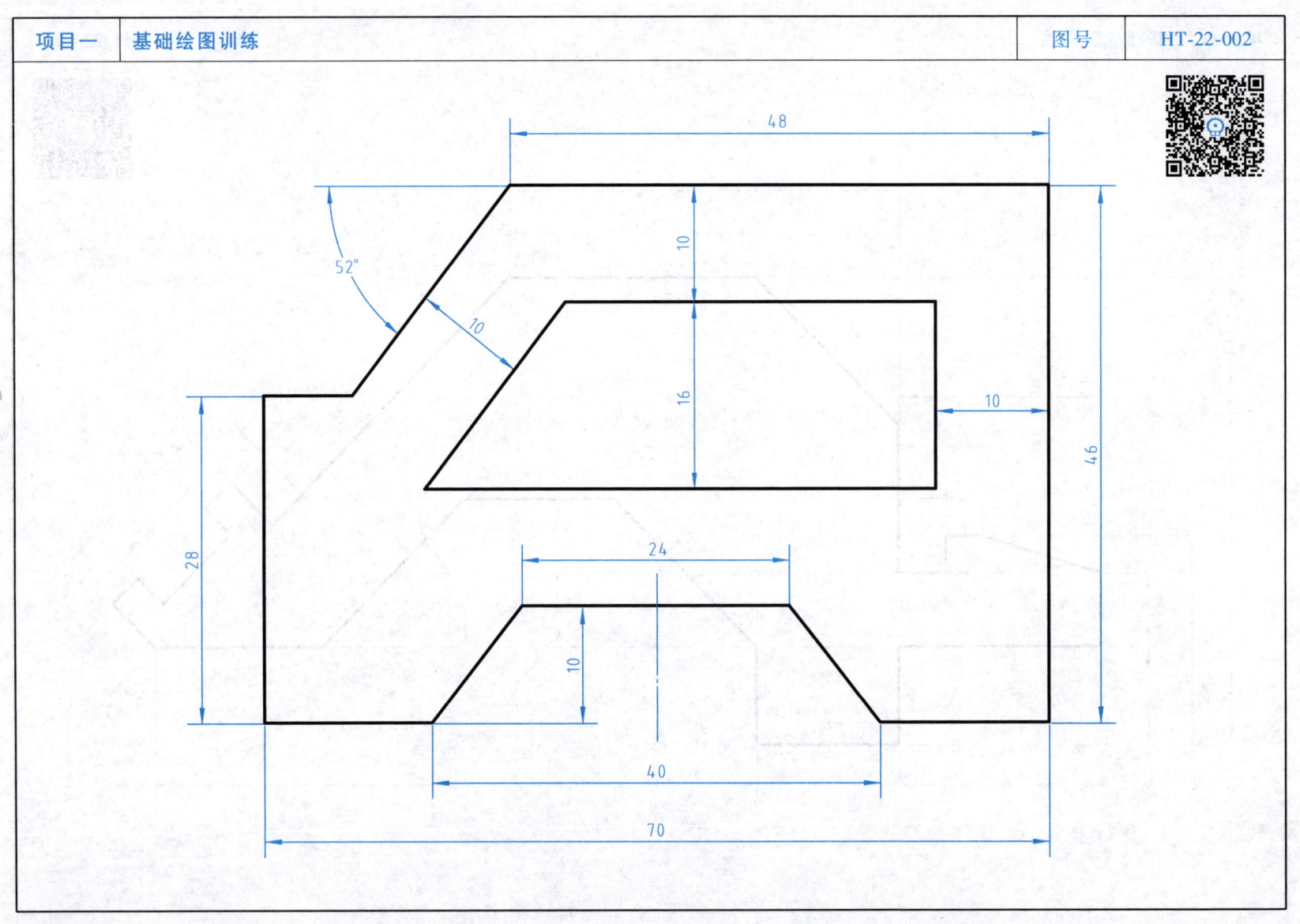

| 项目一 | 基础绘图训练 | | 图号 | HT-22-003 |

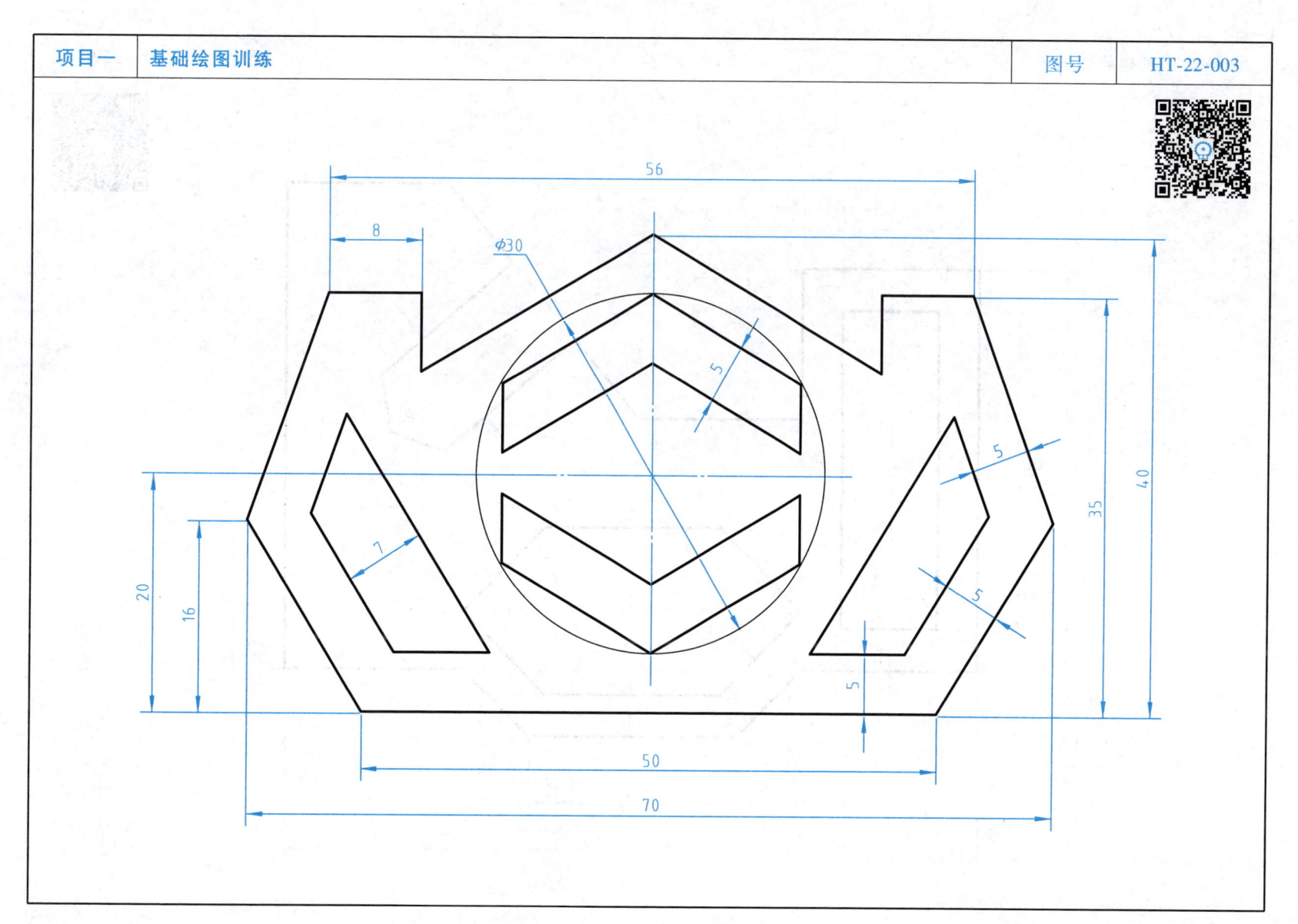

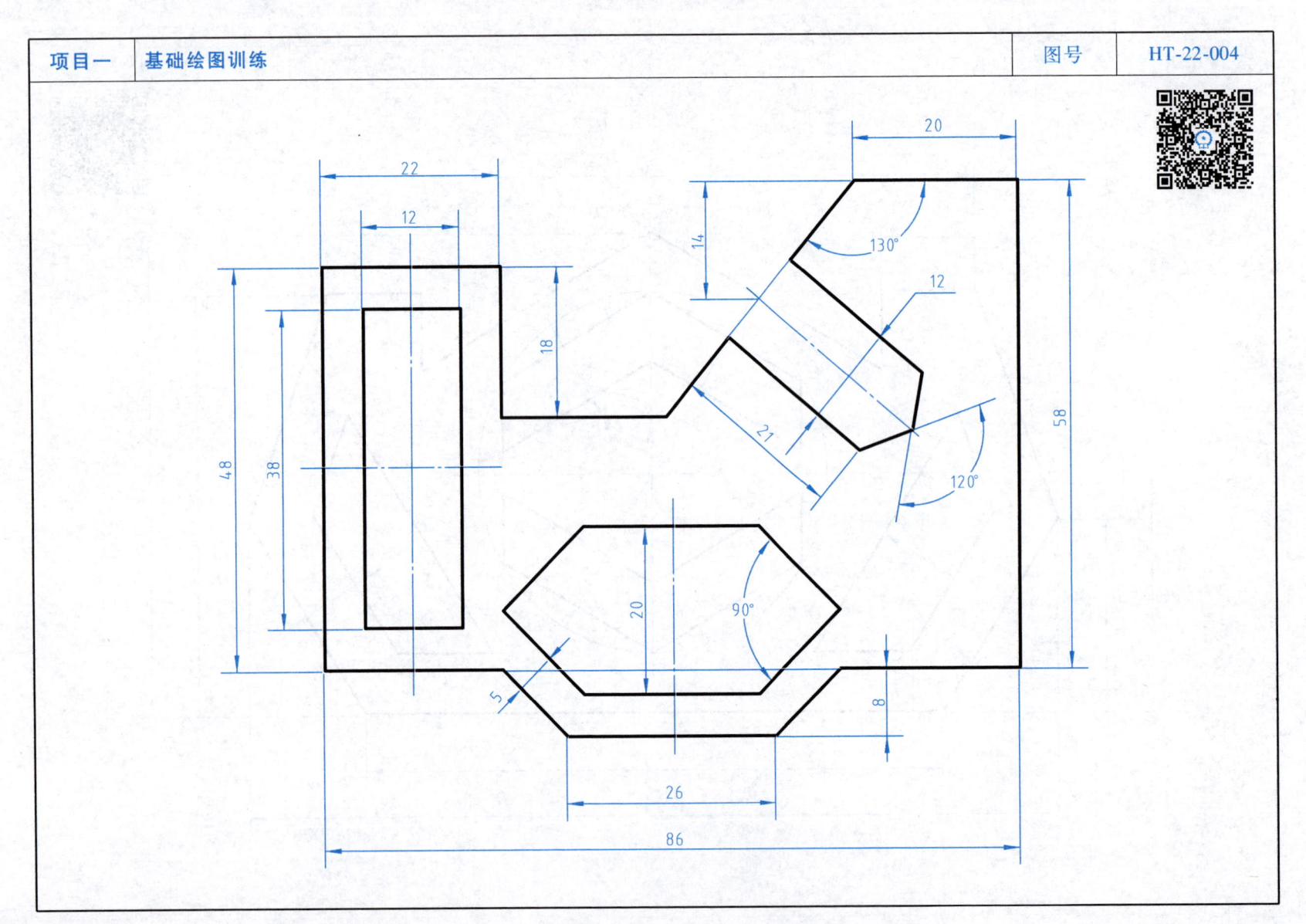

项目一	基础绘图训练		图号	HT-22-004

| 项目一 | 基础绘图训练 | | 图号 | HT-22-005 |

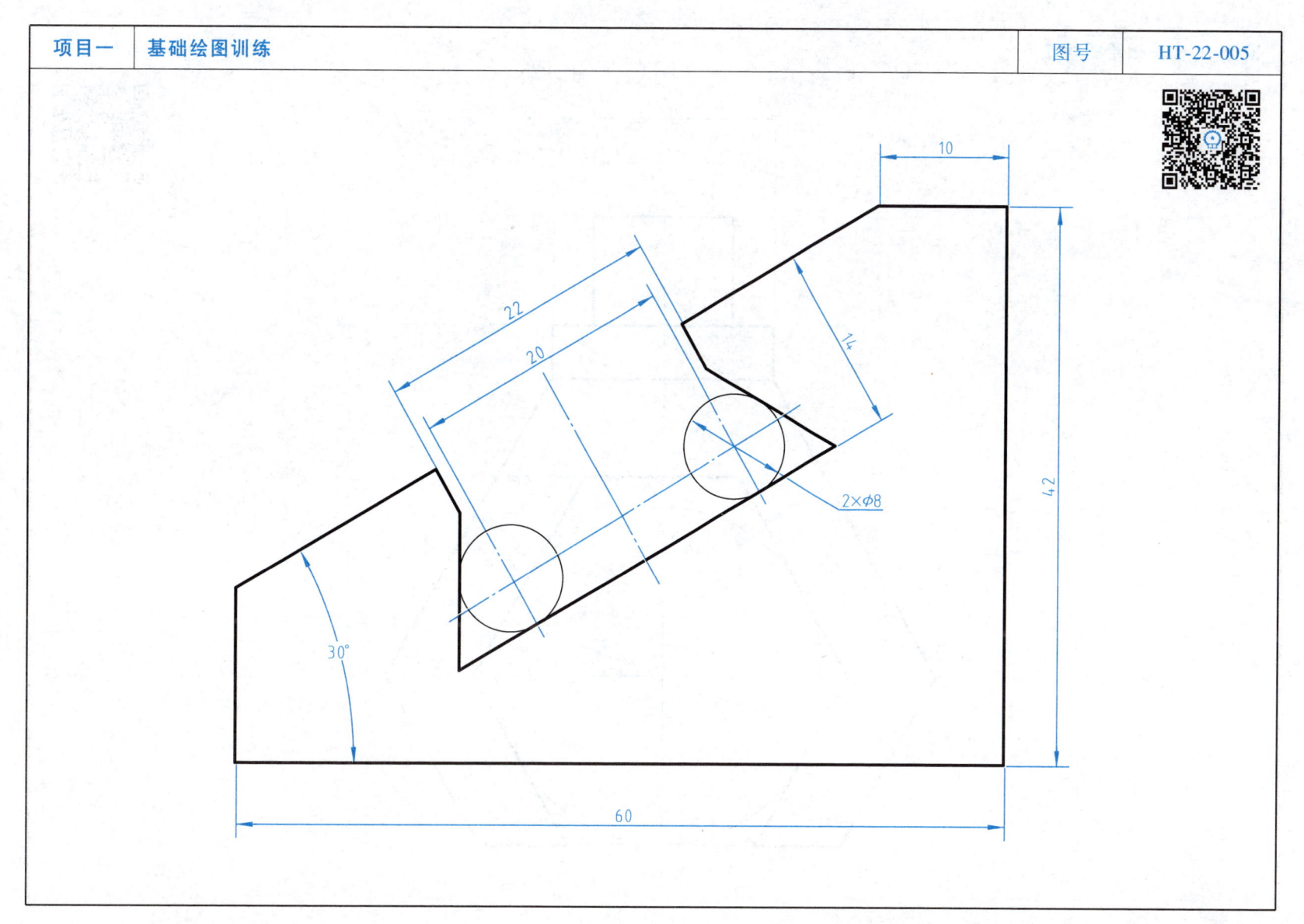

| 项目一 | 基础绘图训练 | | 图号 | HT-22-006 |

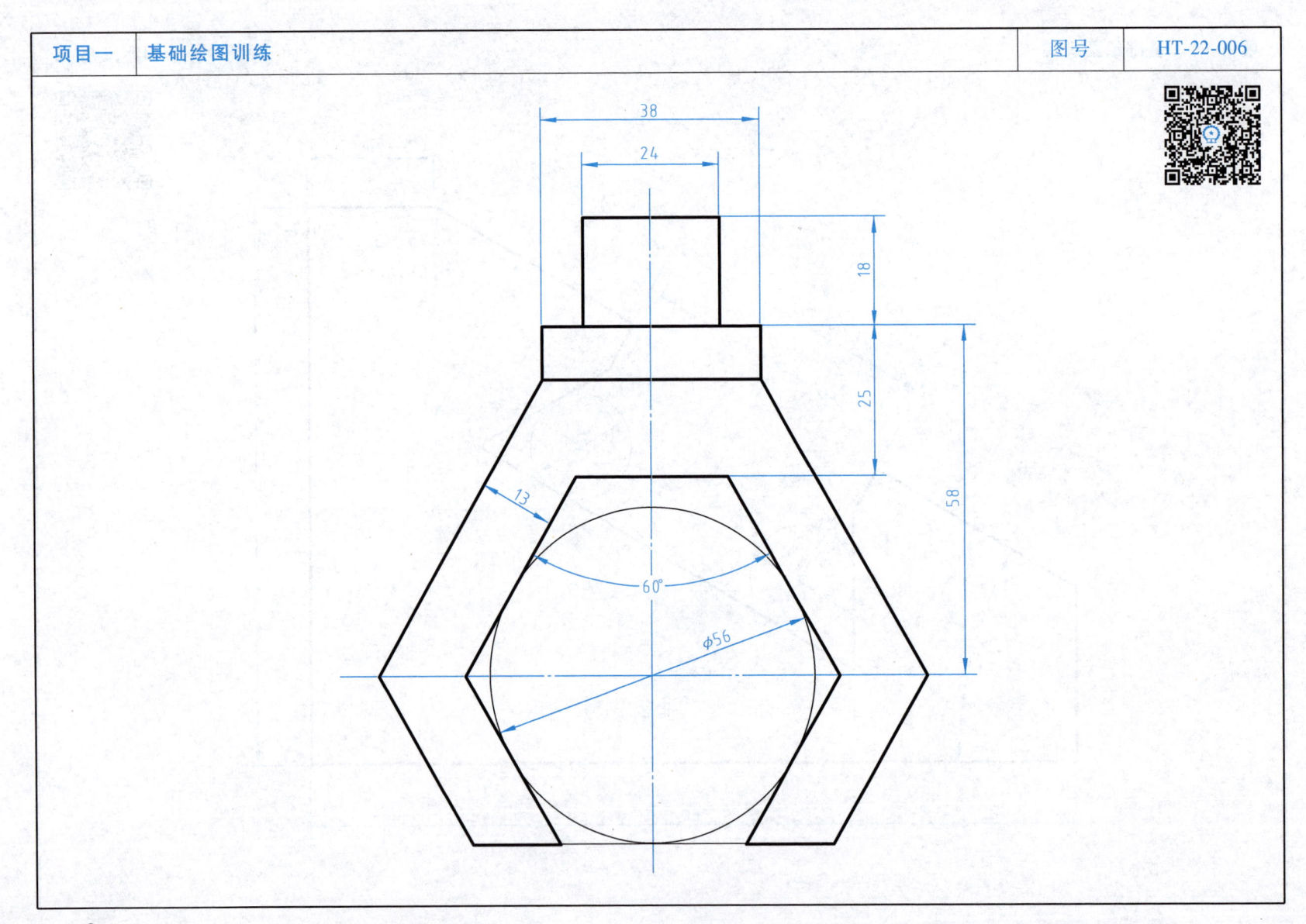

| 项目一 | 基础绘图训练 | 图号 | HT-22-007 |

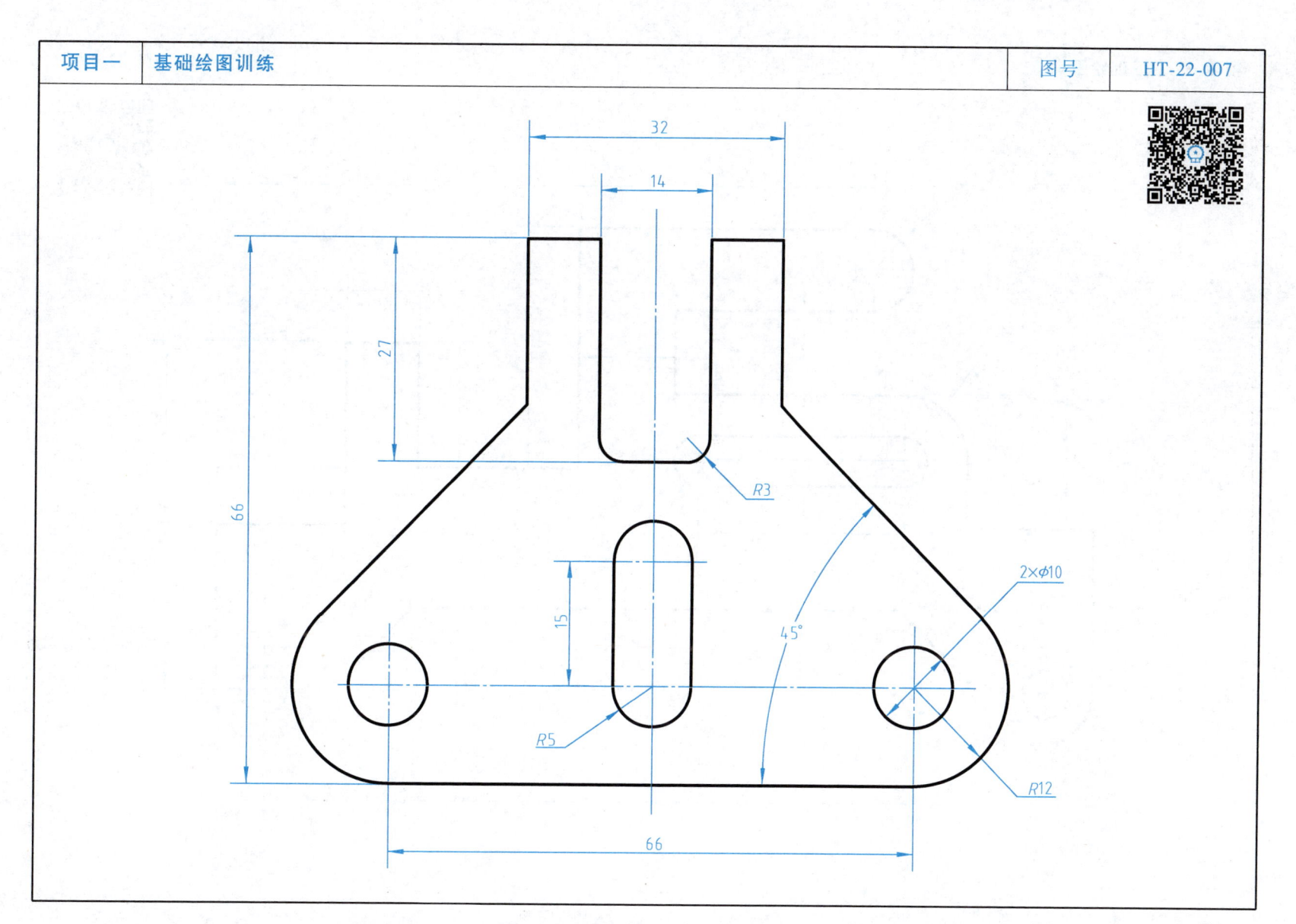

| 项目一 | 基础绘图训练 | | 图号 | HT-22-008 |

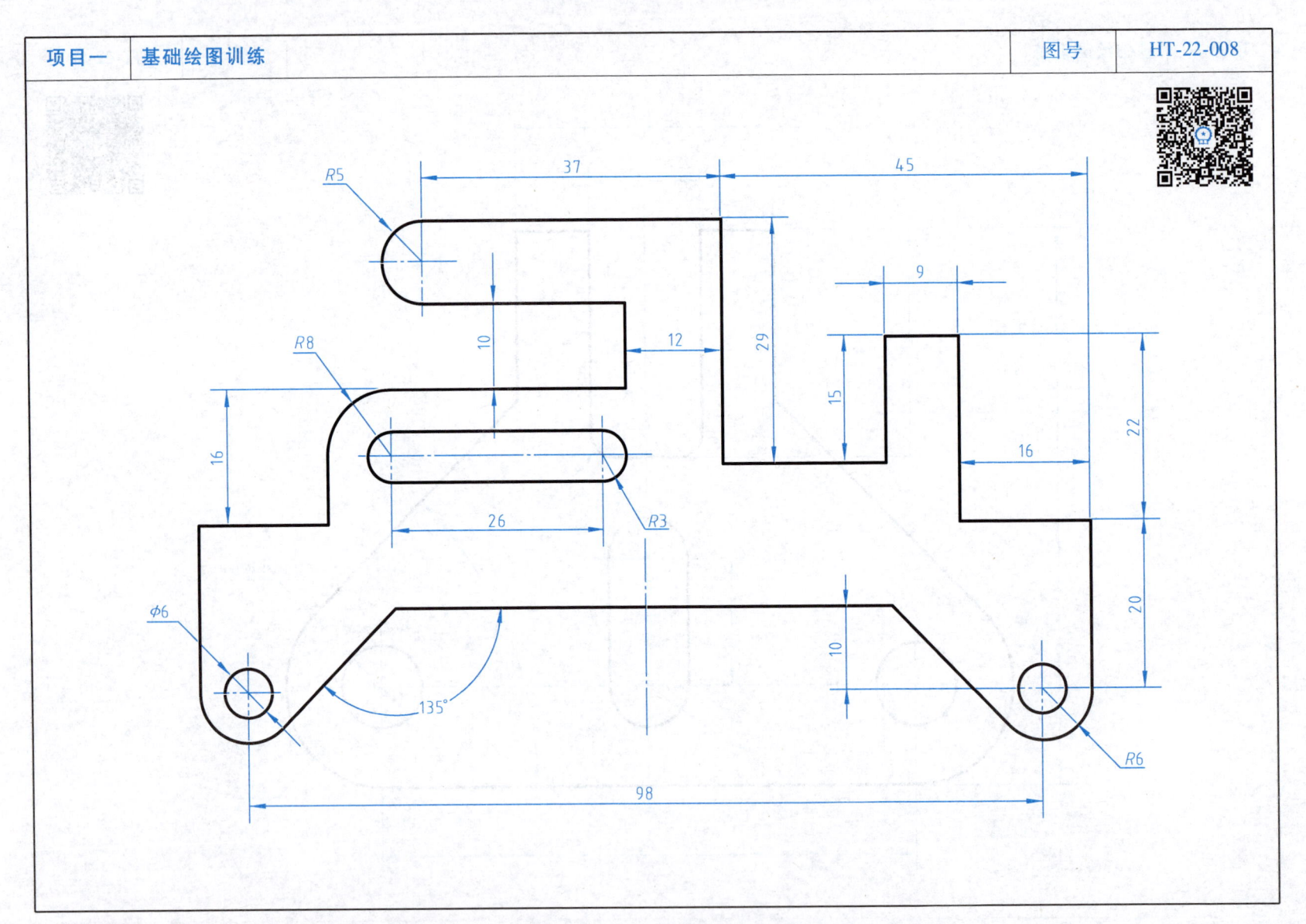

| 项目一 | 基础绘图训练 | 图号 | HT-22-009 |

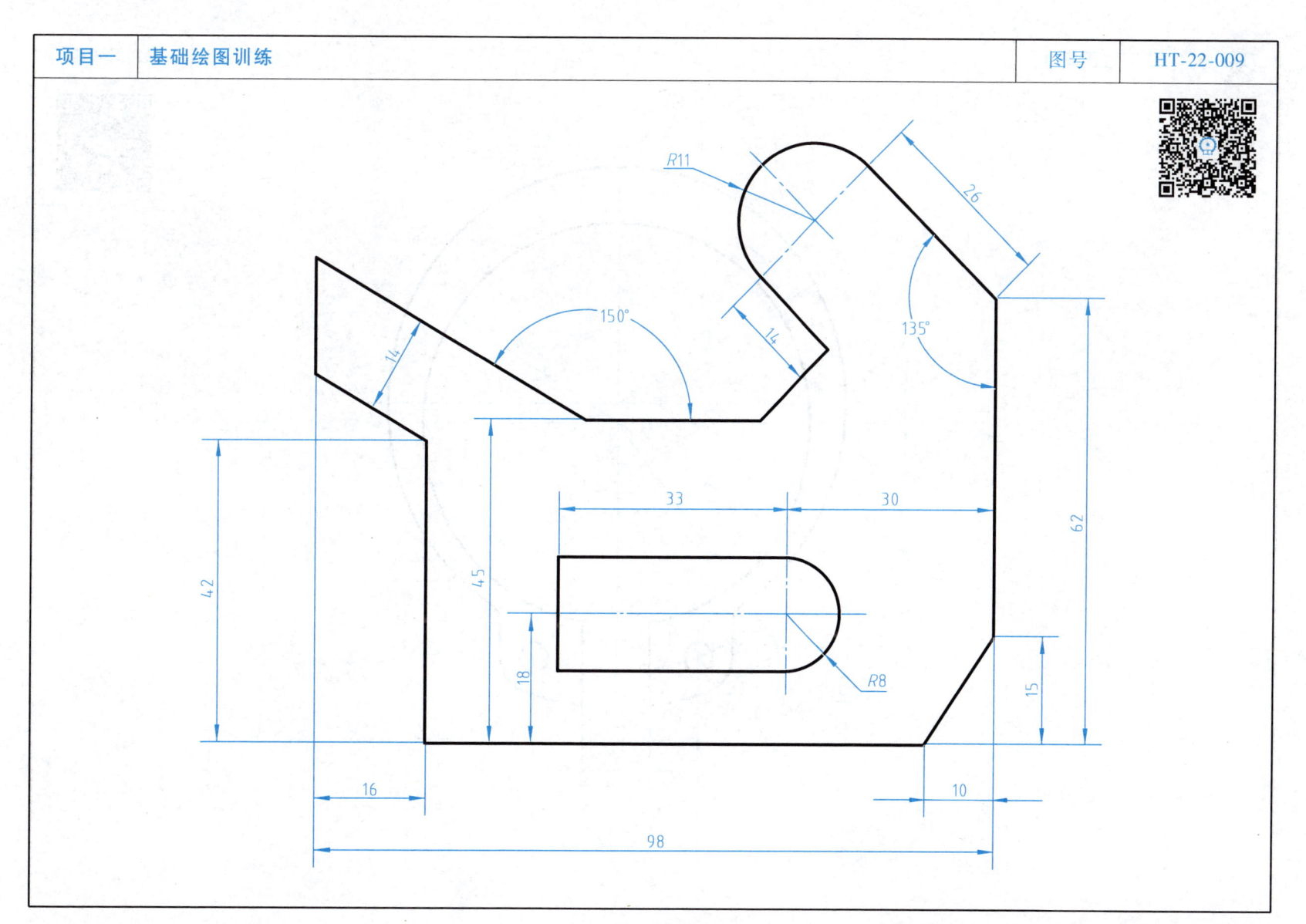

| 项目一 | 基础绘图训练 | | 图号 | HT-22-010 |

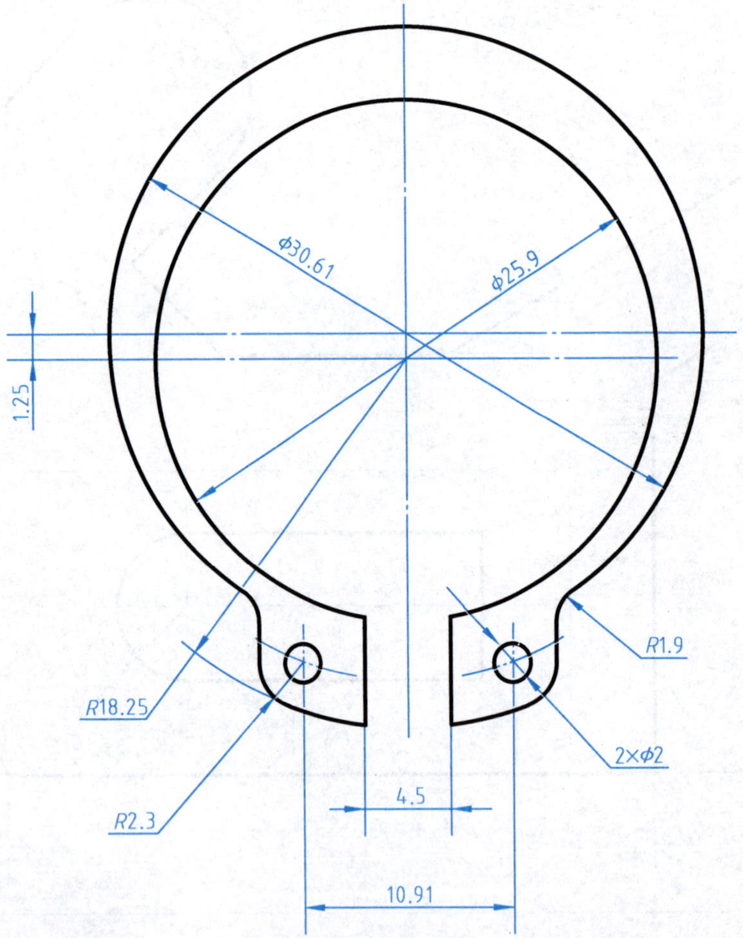

| 项目一 | 基础绘图训练 | 图号 | HT-22-011 |

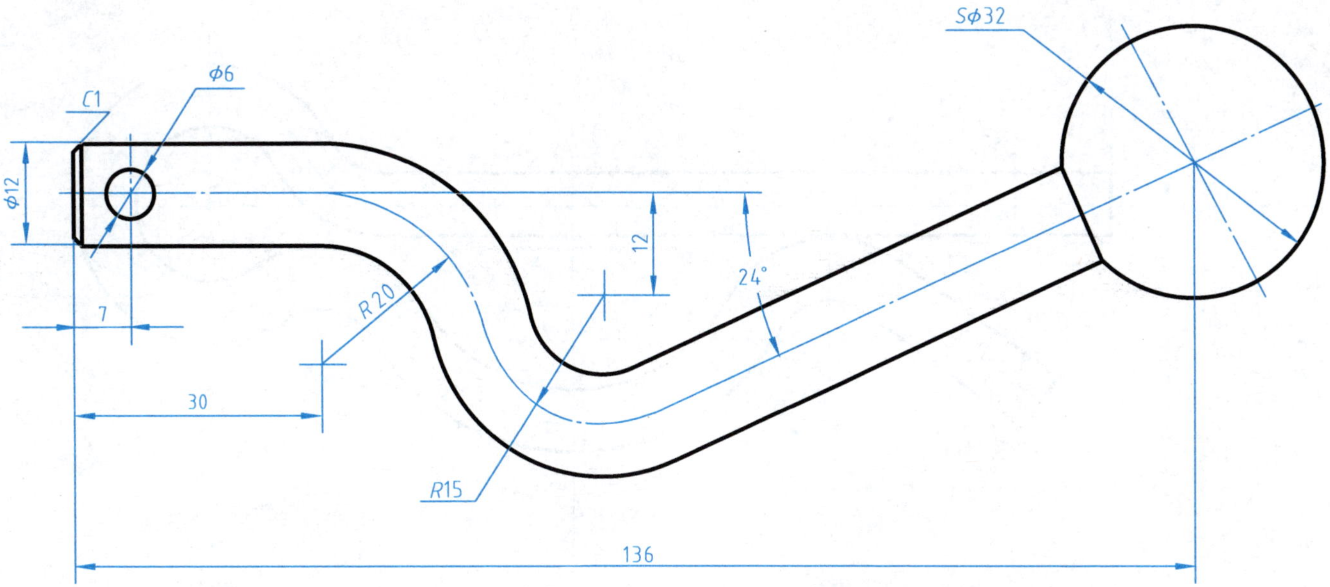

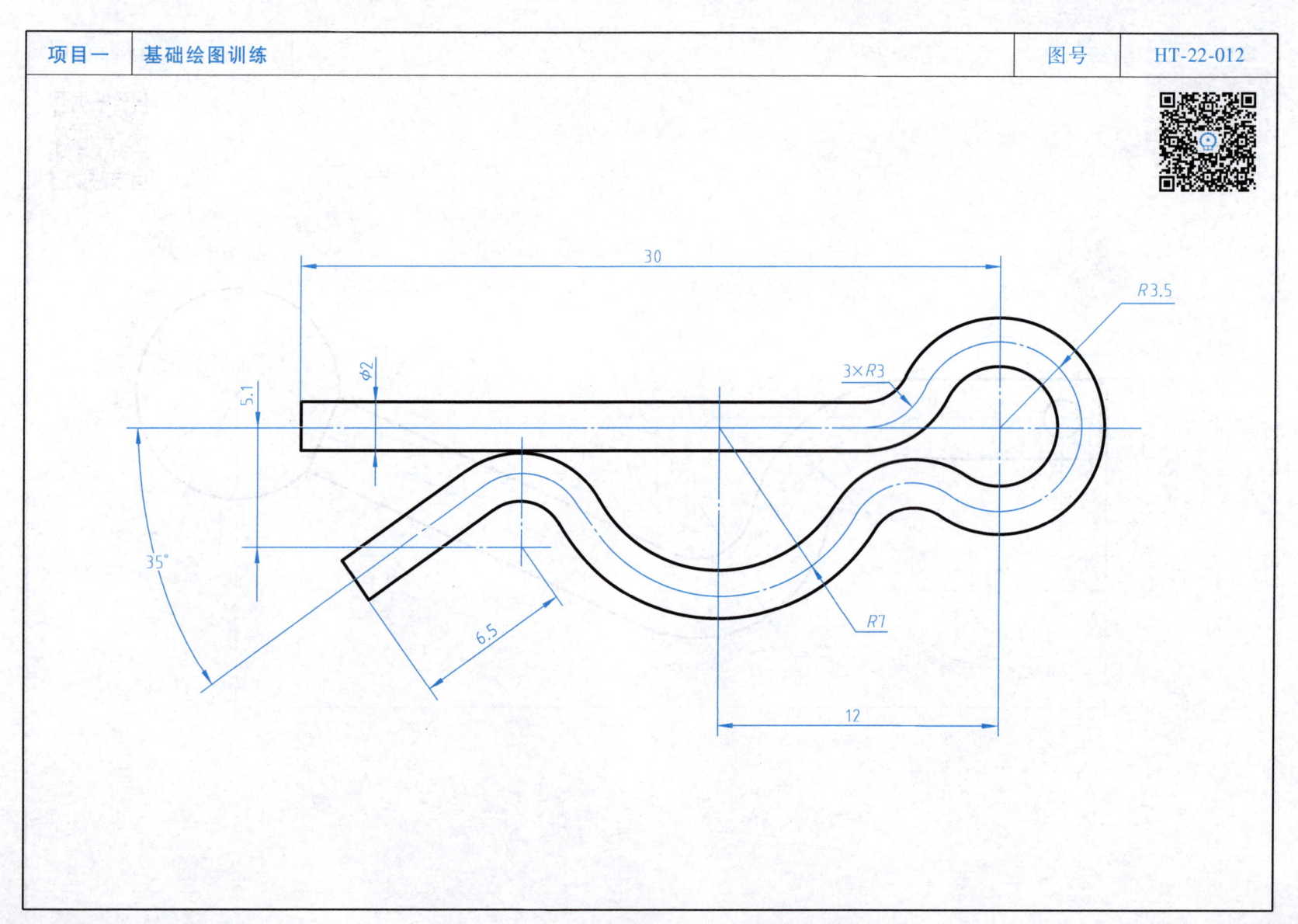

项目一	基础绘图训练		图号	HT-22-012

| 项目一 | 基础绘图训练 | 图号 | HT-22-013 |

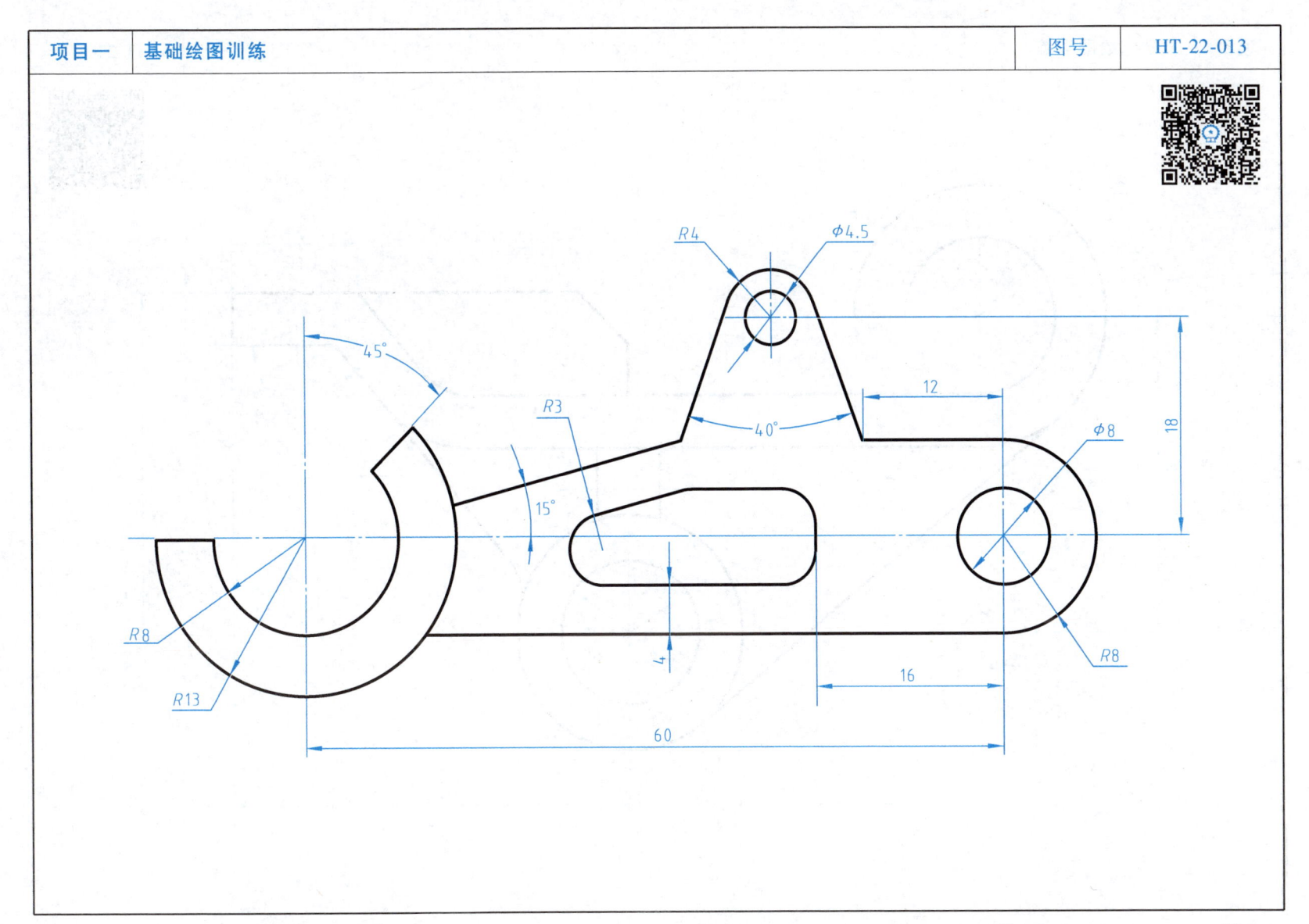

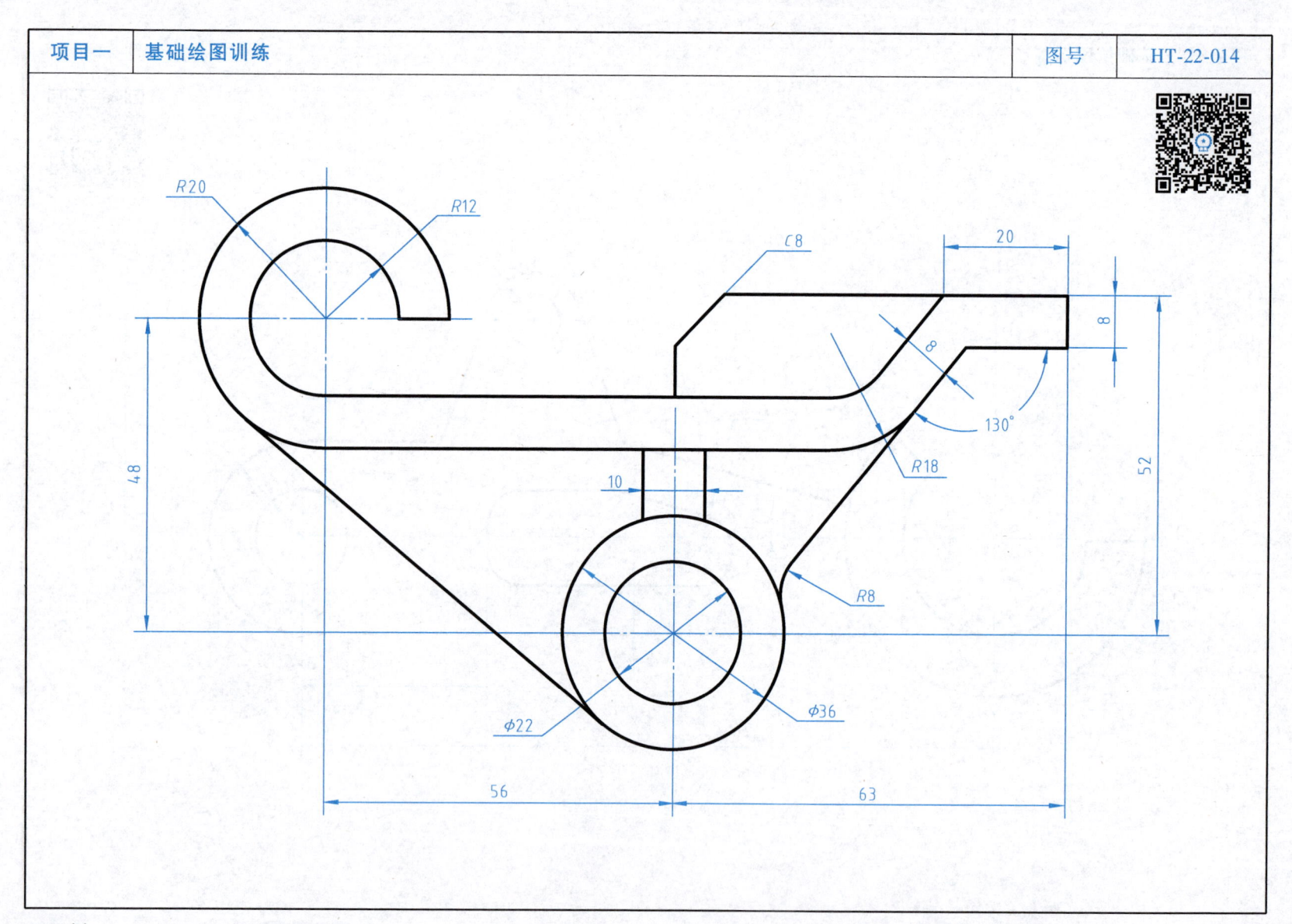

项目一	基础绘图训练		图号	HT-22-014

| 项目一 | 基础绘图训练 | | 图号 | HT-22-015 |

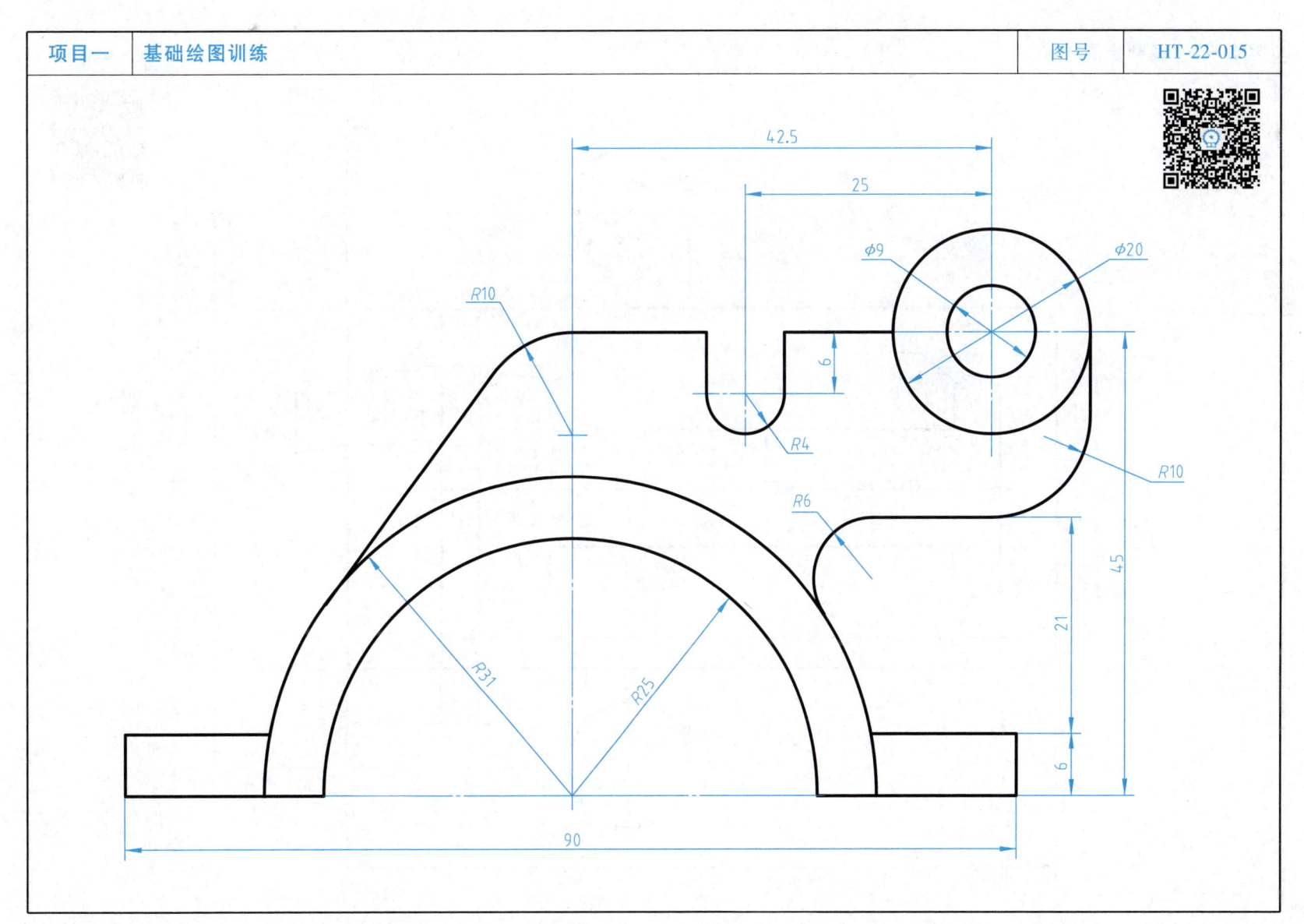

| 项目一 | 基础绘图训练 | | 图号 | HT-22-016 |

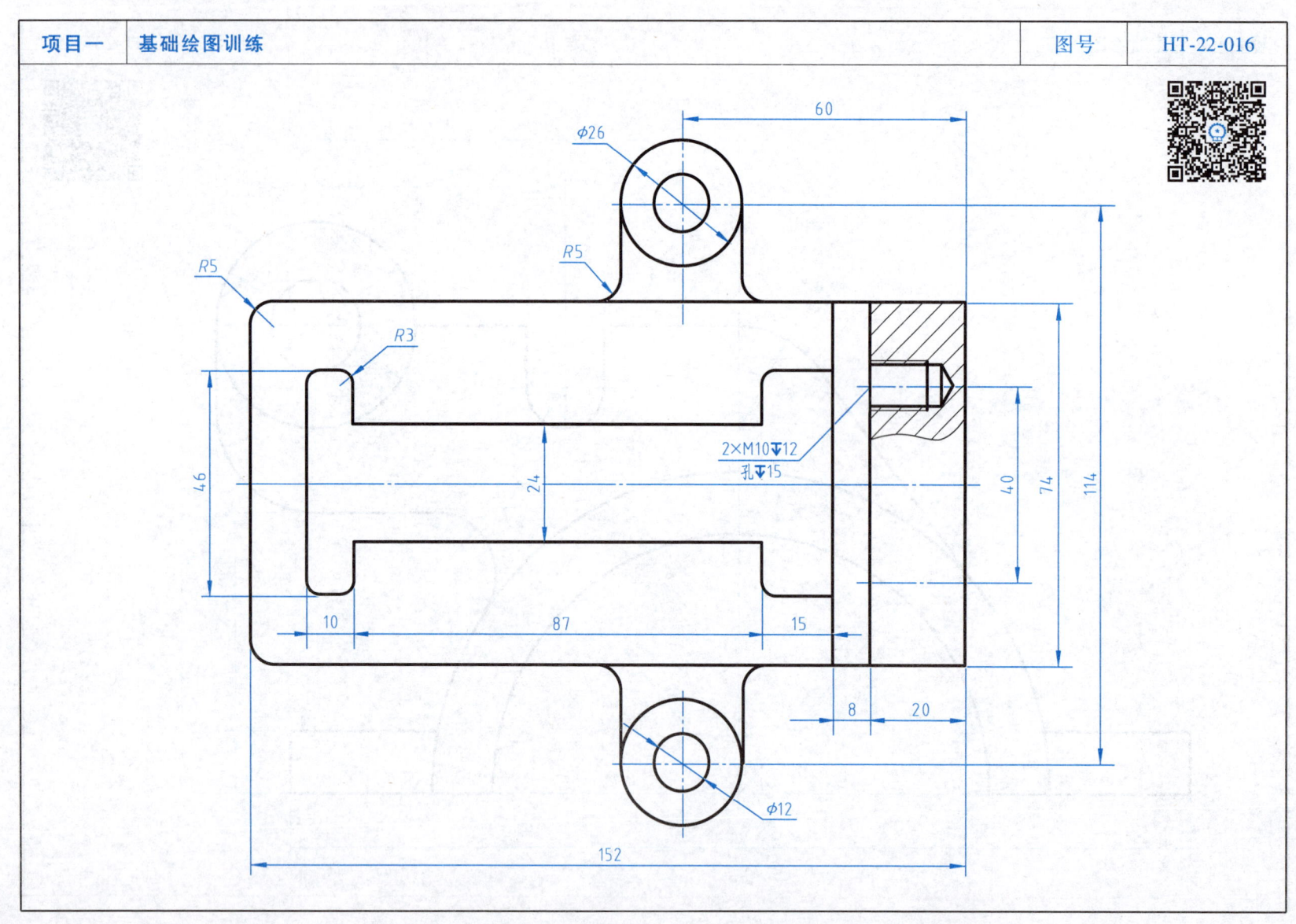

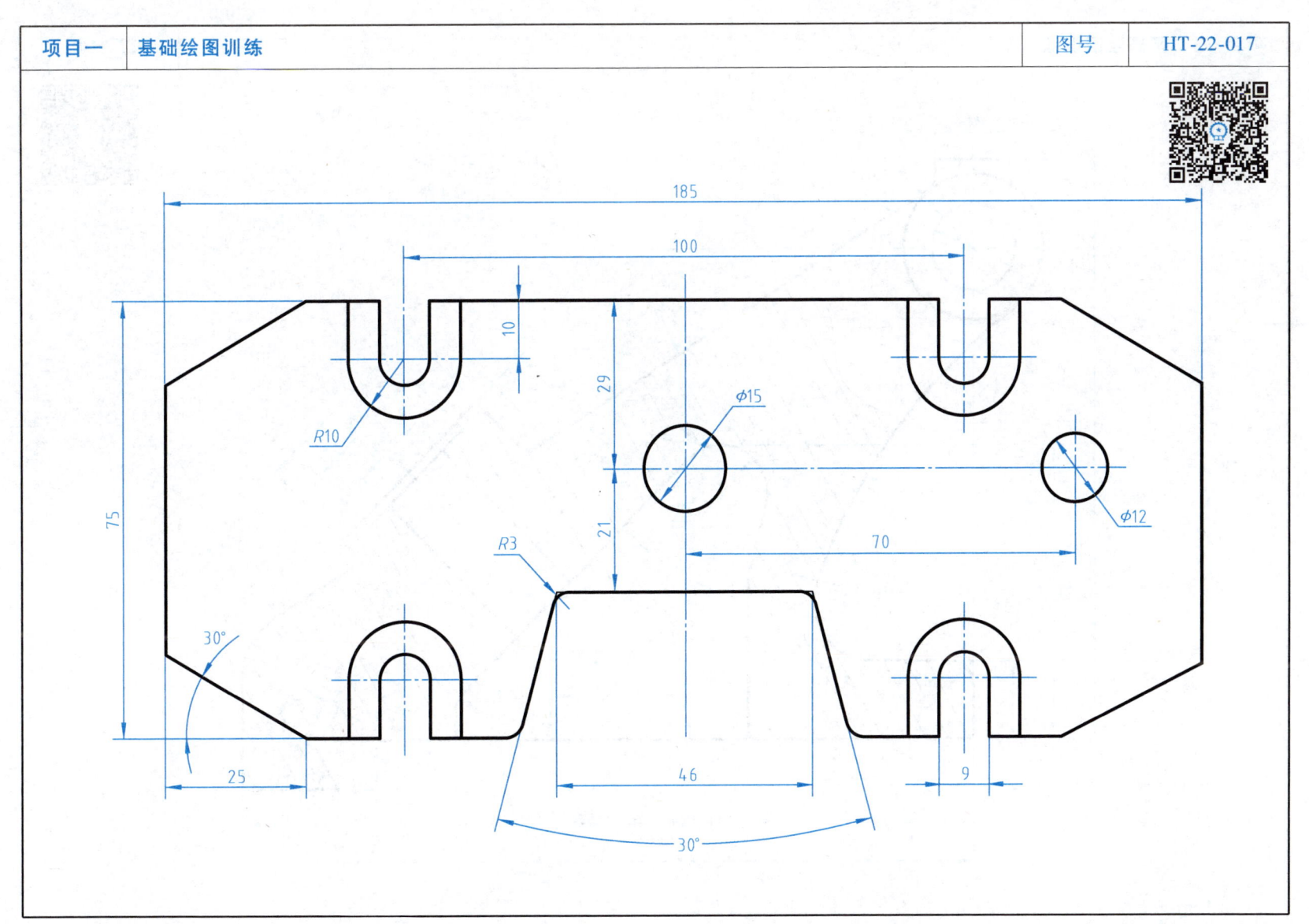

项目一　　基础绘图训练　　　　　　　　　　　　　　　　　　　　图号　　HT-22-017

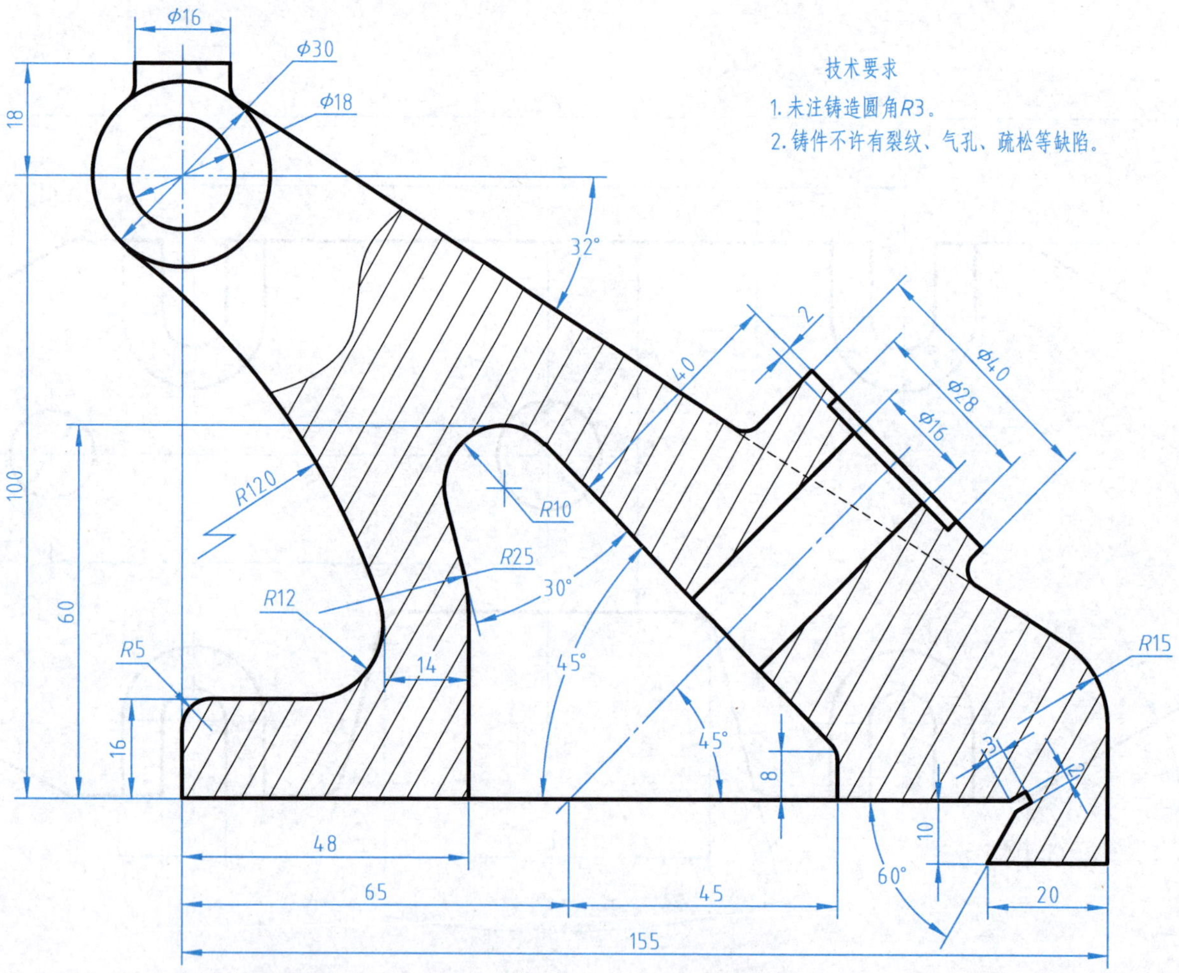

| 项目一 | 基础绘图训练 | 图号 | HT-22-018 |

技术要求
1. 未注铸造圆角R3。
2. 铸件不许有裂纹、气孔、疏松等缺陷。

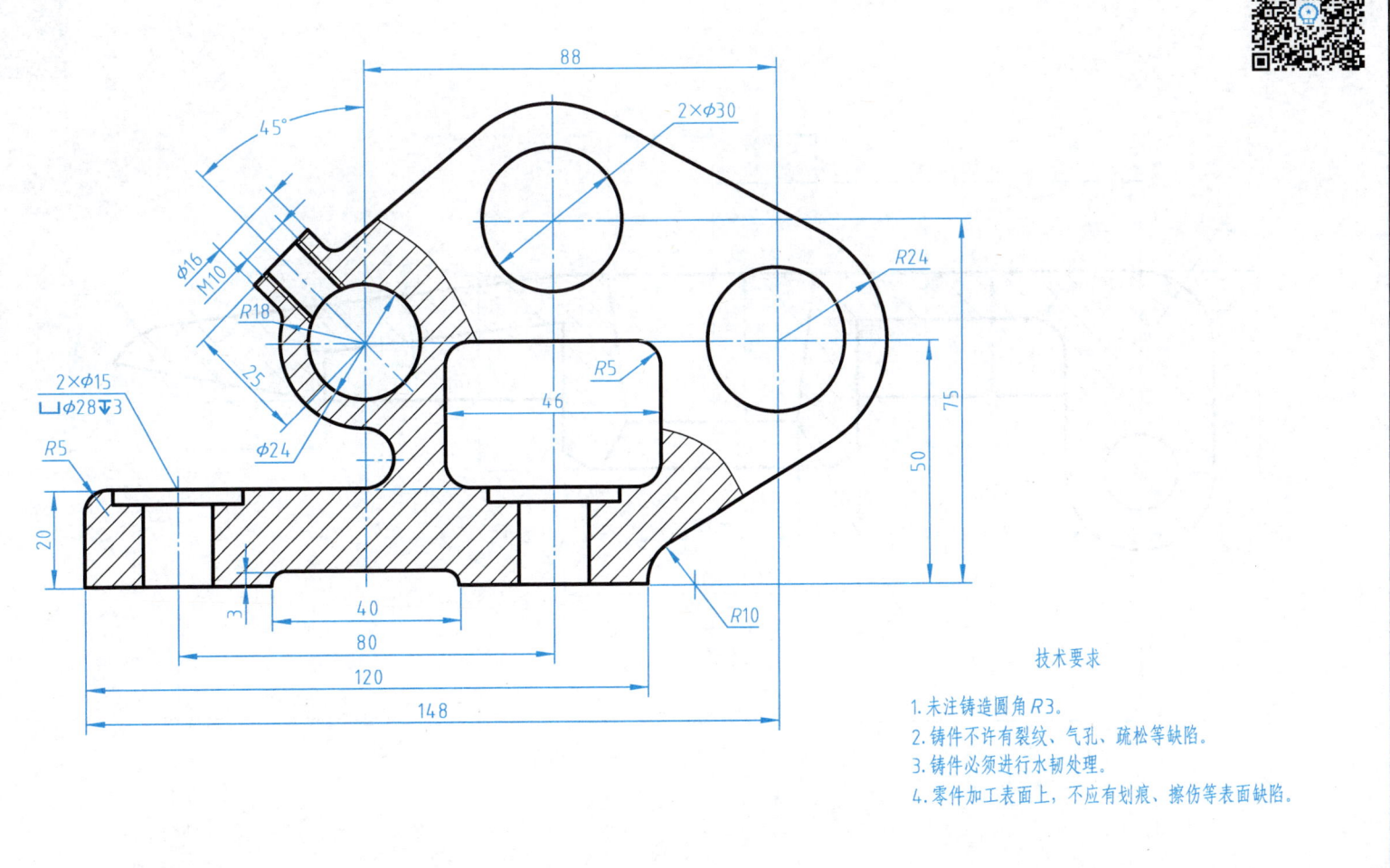

| 项目一 | 基础绘图训练 | 图号 | HT-22-019 |

技术要求

1. 未注铸造圆角R3。
2. 铸件不许有裂纹、气孔、疏松等缺陷。
3. 铸件必须进行水韧处理。
4. 零件加工表面上，不应有划痕、擦伤等表面缺陷。

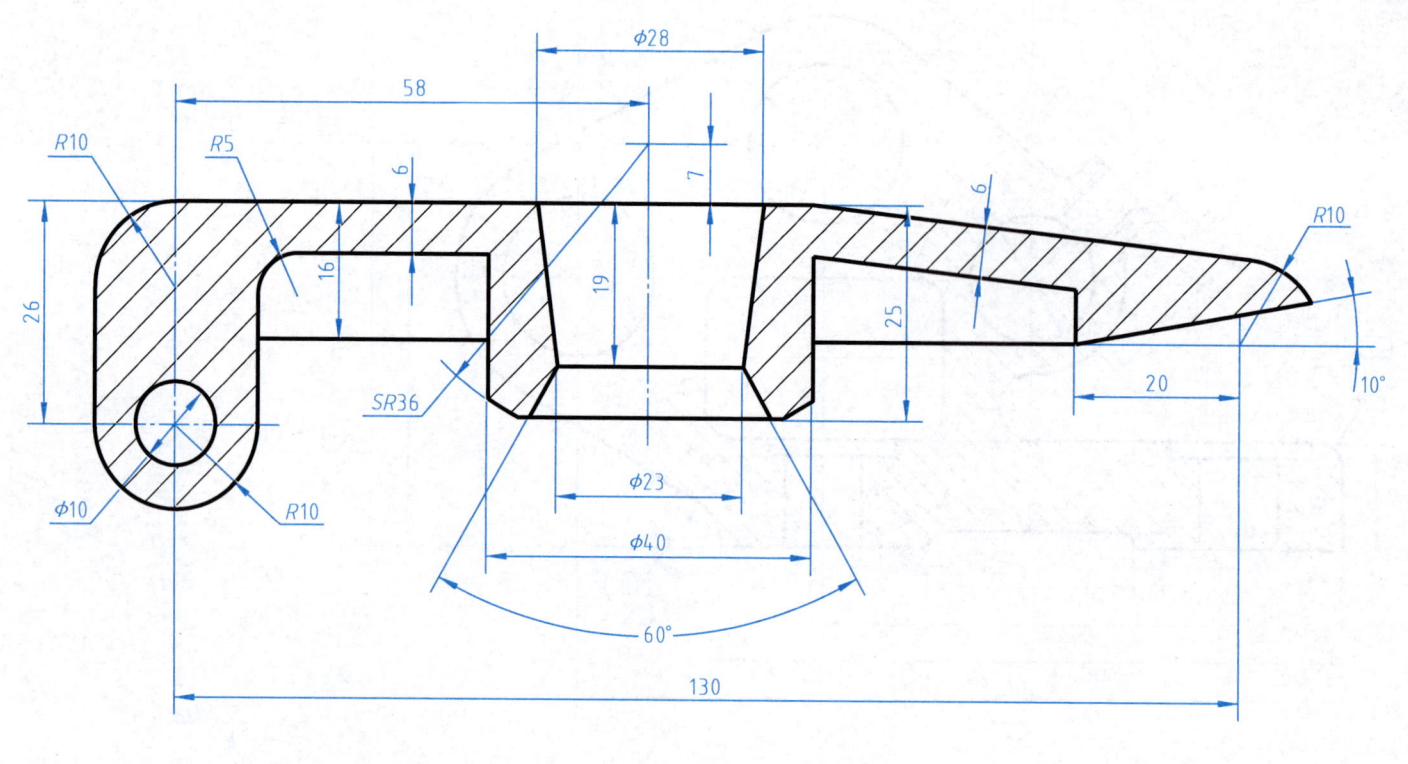

| 项目一 | 基础绘图训练 | | 图号 | HT-22-020 |

| 项目一 | 基础绘图训练 | | 图号 | HT-22-021 |

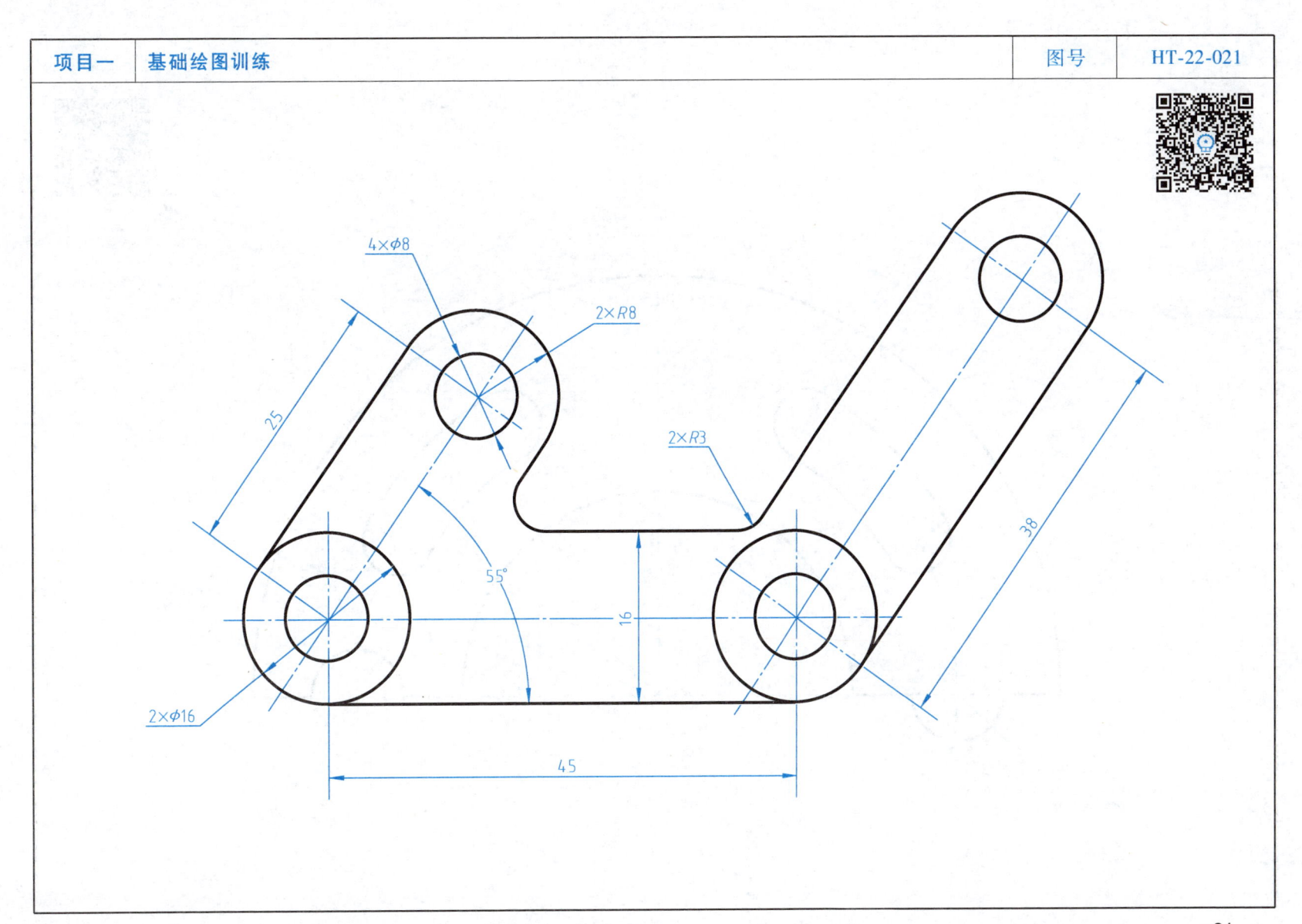

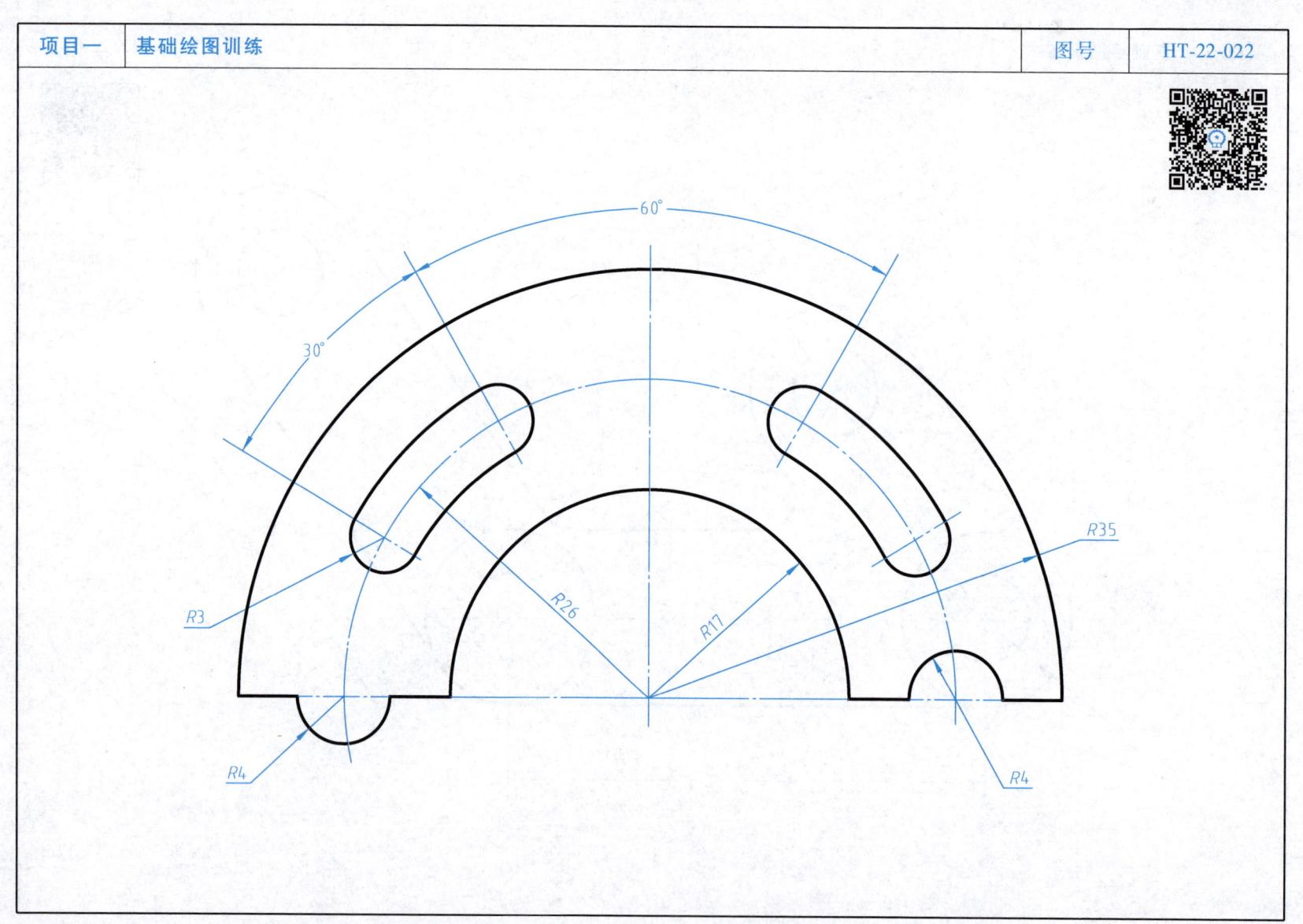

项目一	基础绘图训练		图号	HT-22-022

| 项目一 | 基础绘图训练 | 图号 | HT-22-023 |

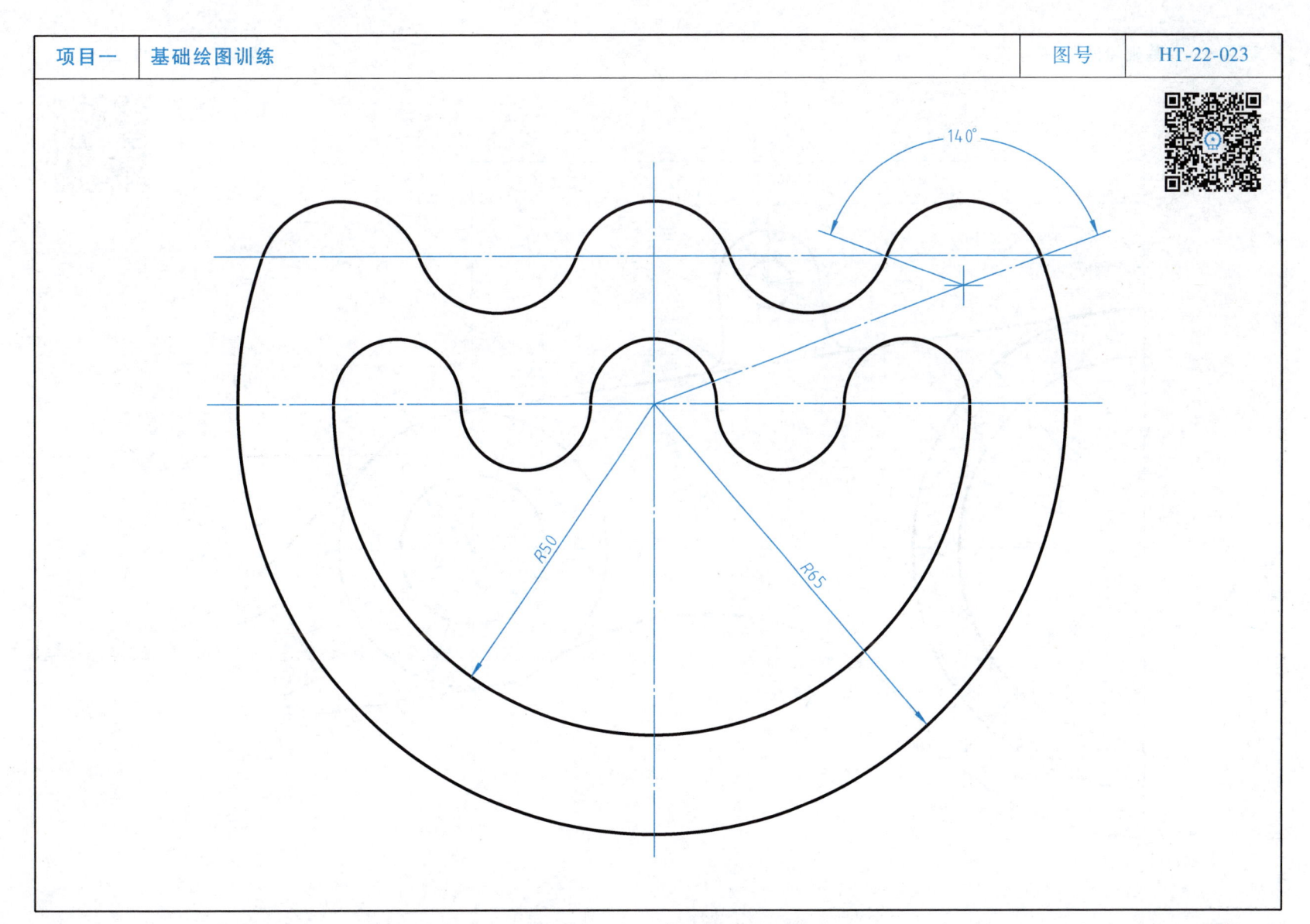

| 项目一 | 基础绘图训练 | | 图号 | HT-22-024 |

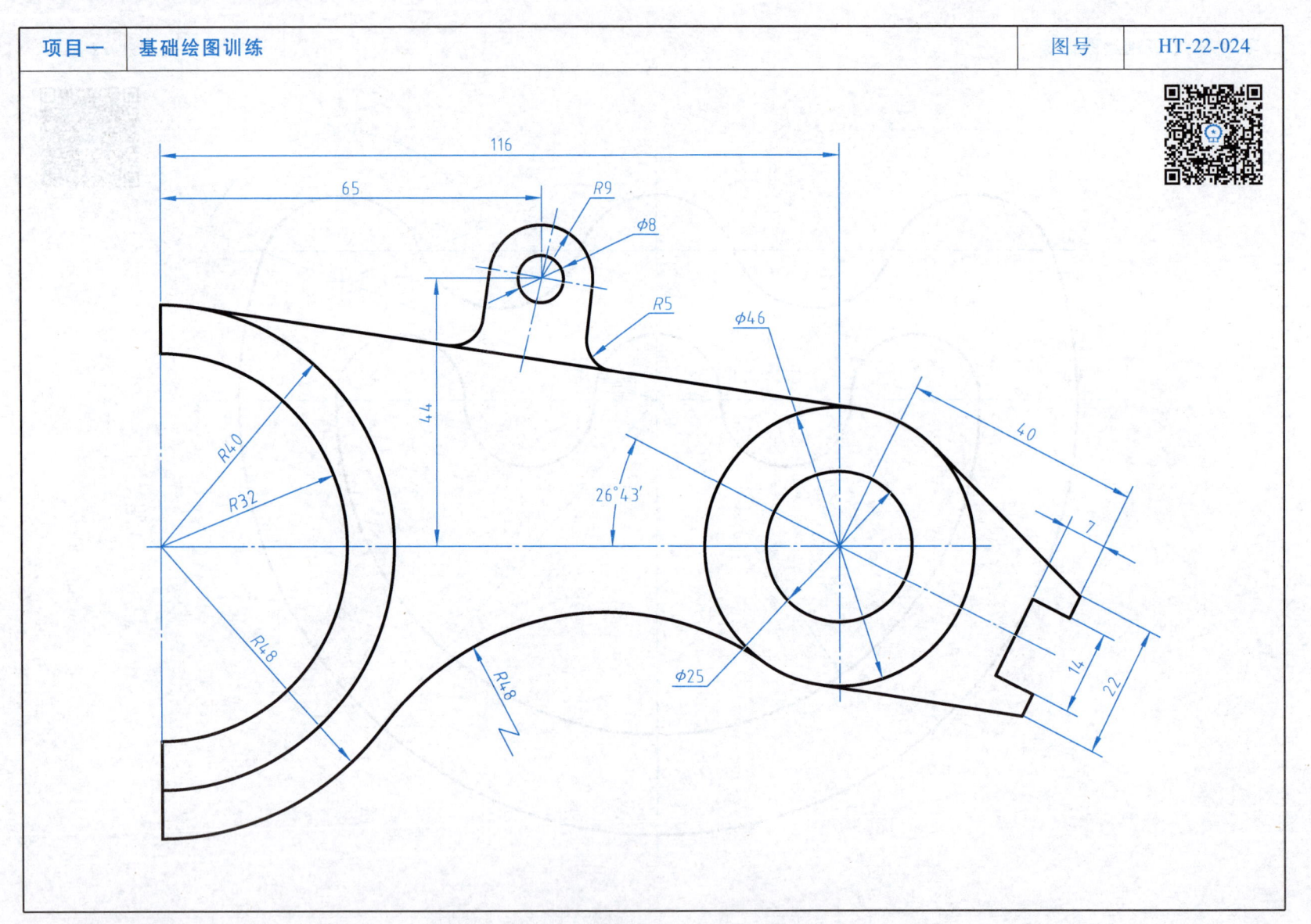

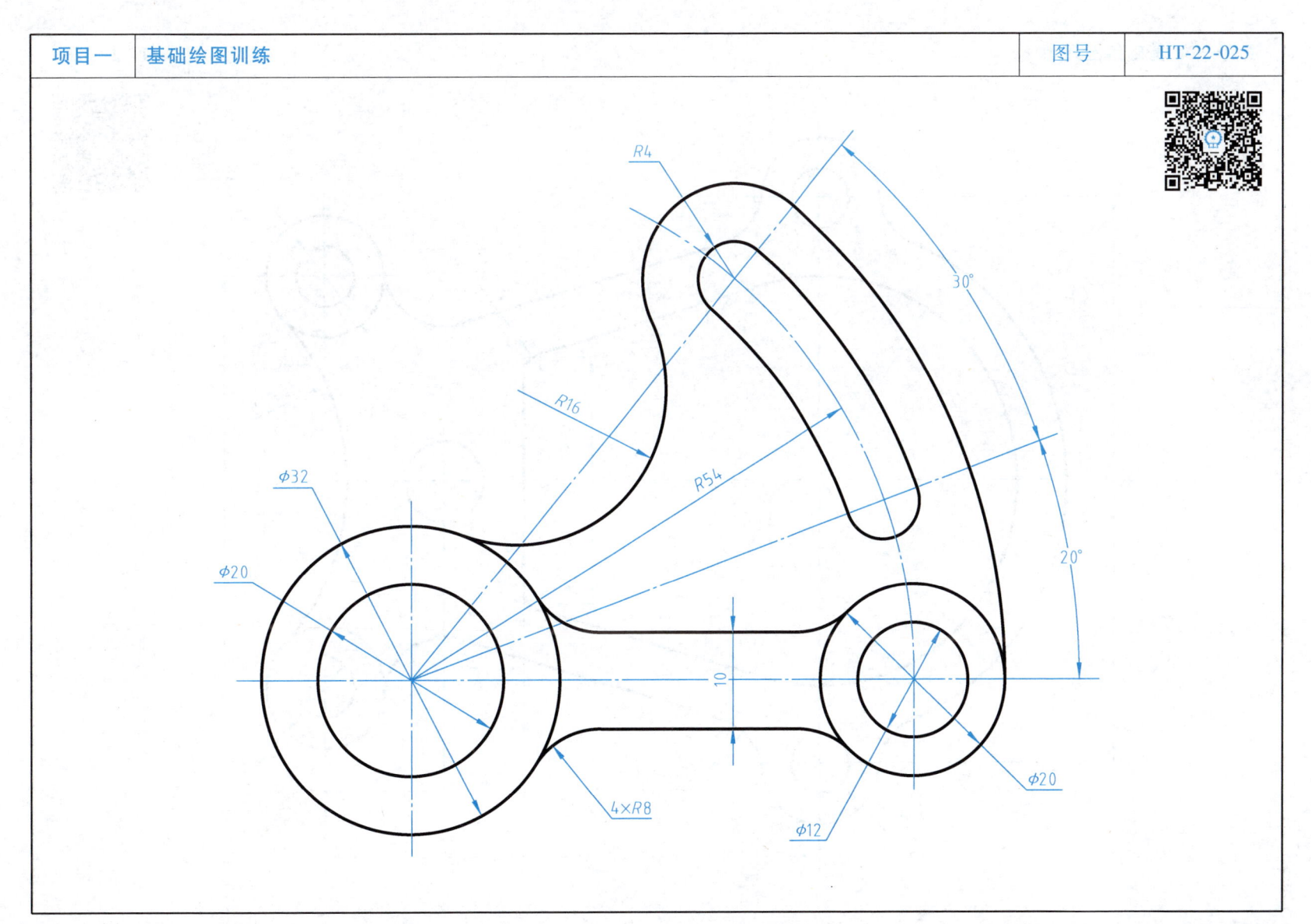

项目一	基础绘图训练		图号	HT-22-025

| 项目一 | 基础绘图训练 | 图号 | HT-22-026 |

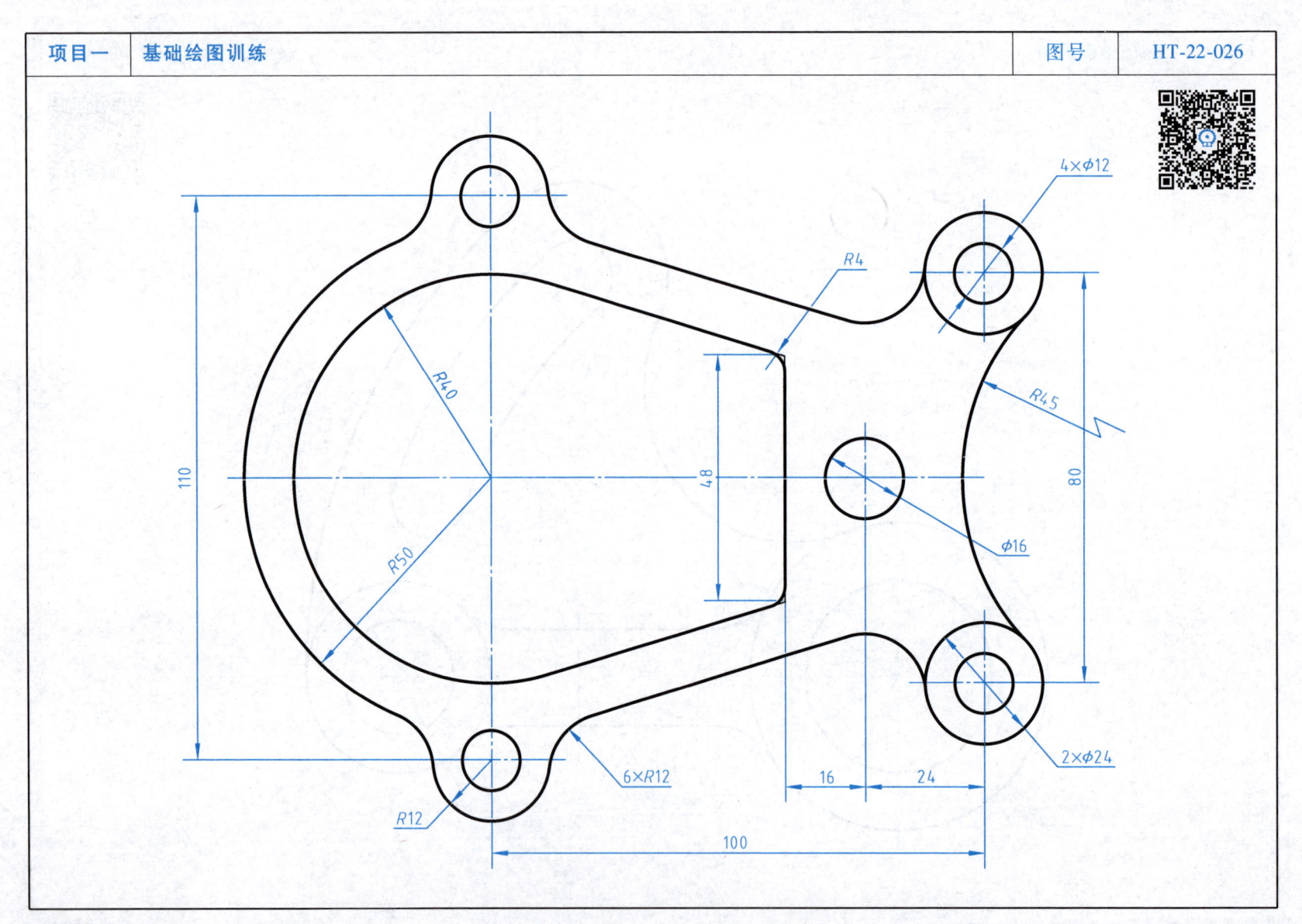

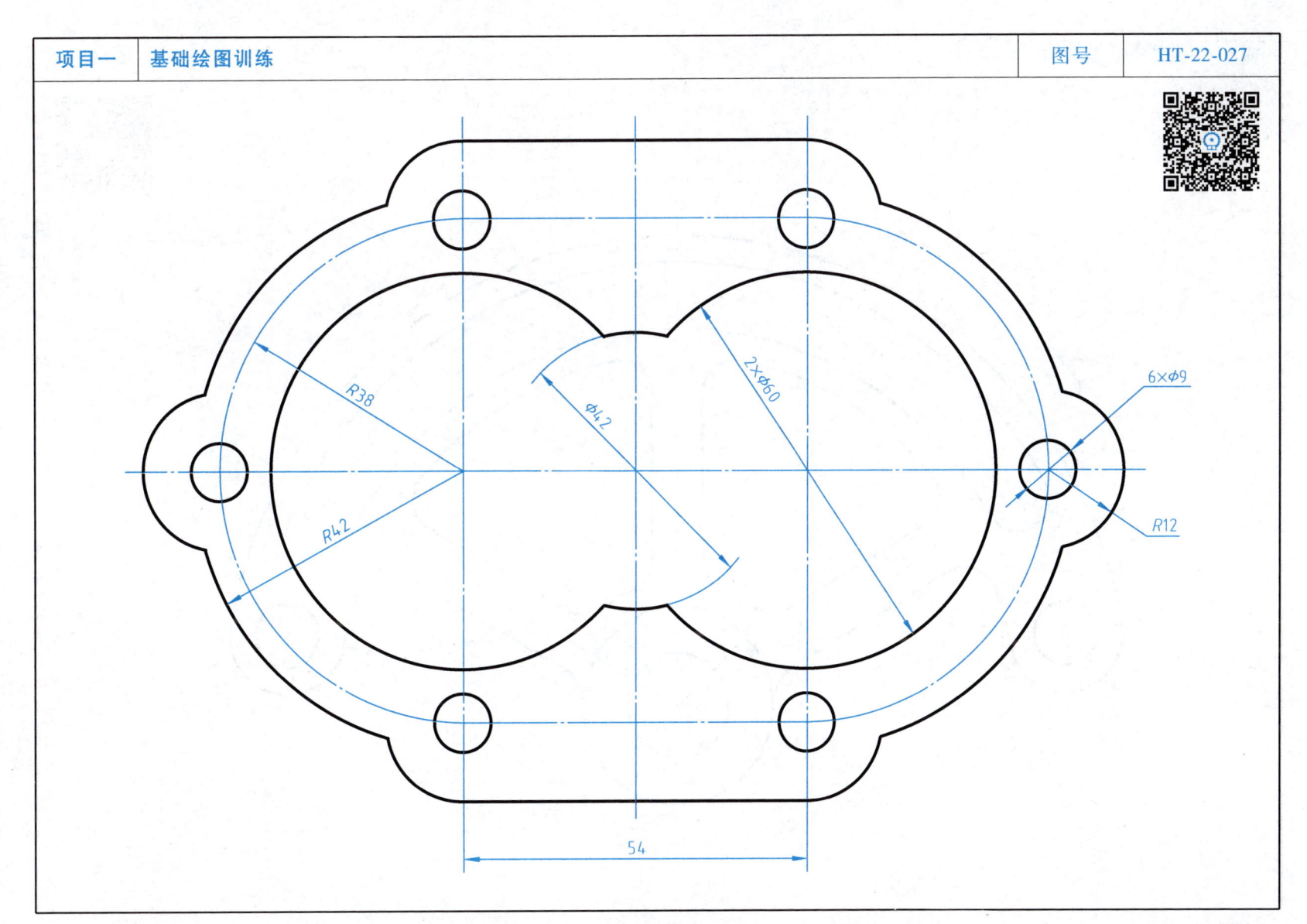

项目一	基础绘图训练		图号	HT-22-027

| 项目一 | 基础绘图训练 | | 图号 | HT-22-028 |

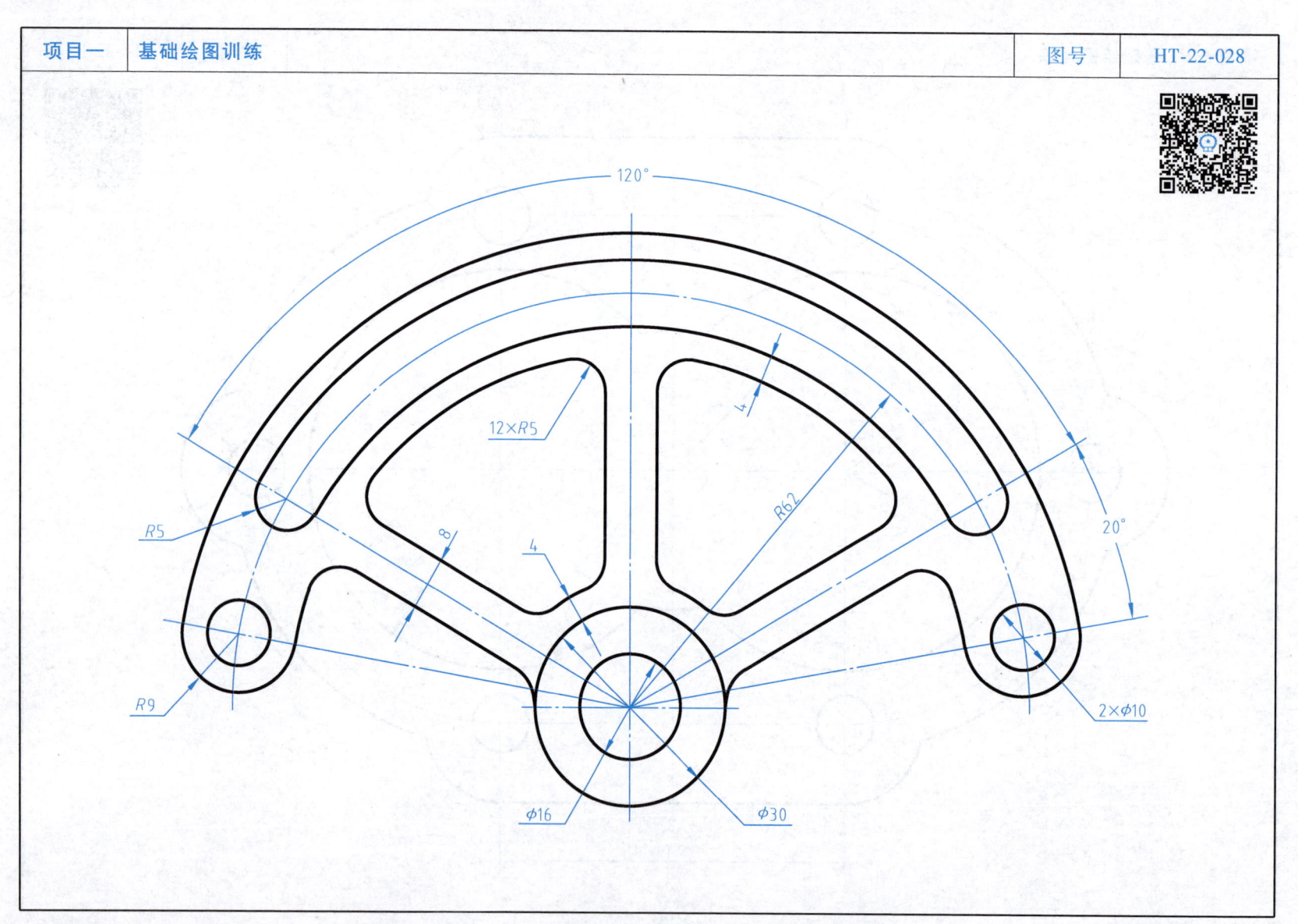

| 项目一 | 基础绘图训练 | | 图号 | HT-22-029 |

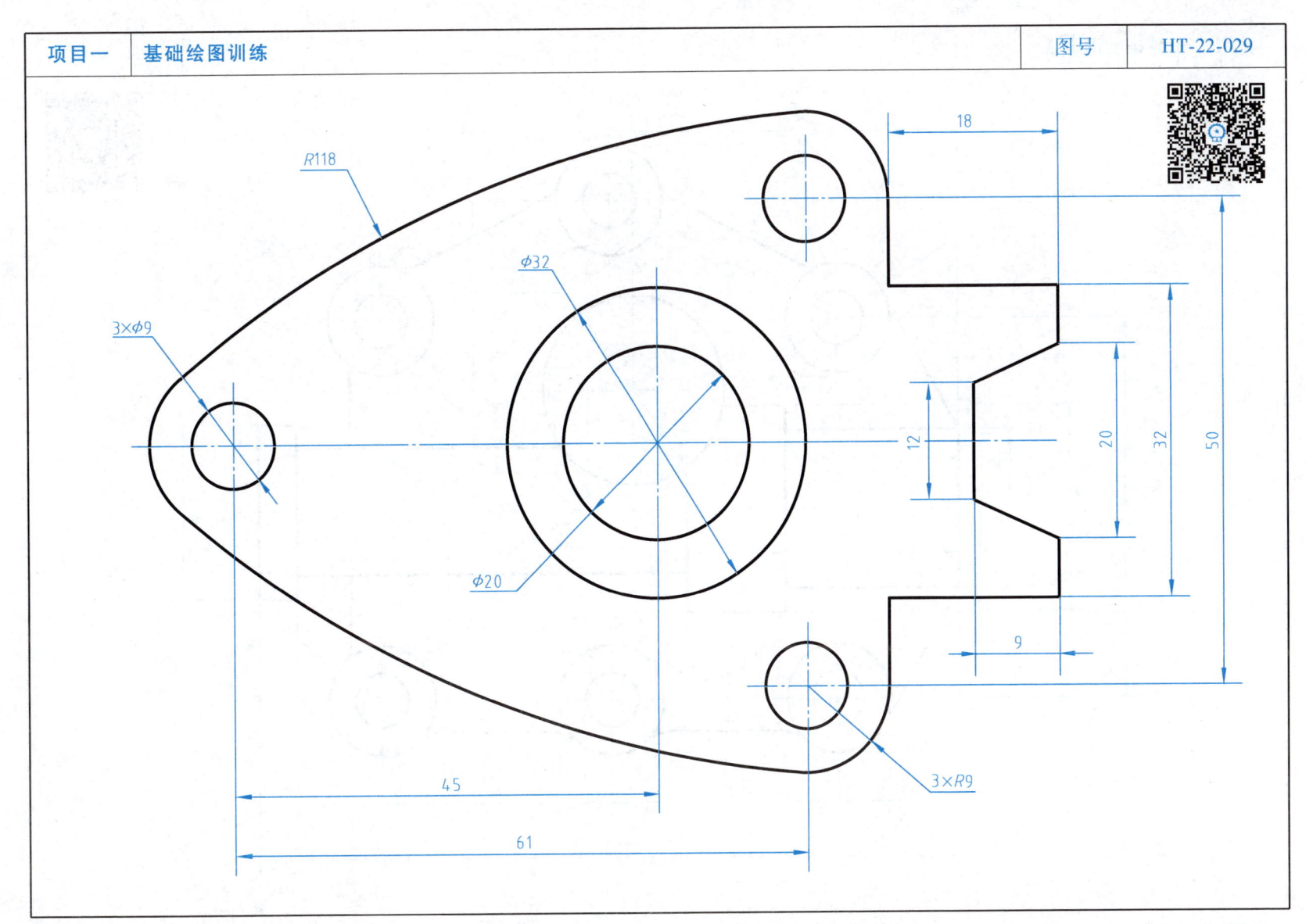

| 项目一 | 基础绘图训练 | | 图号 | HT-22-030 |

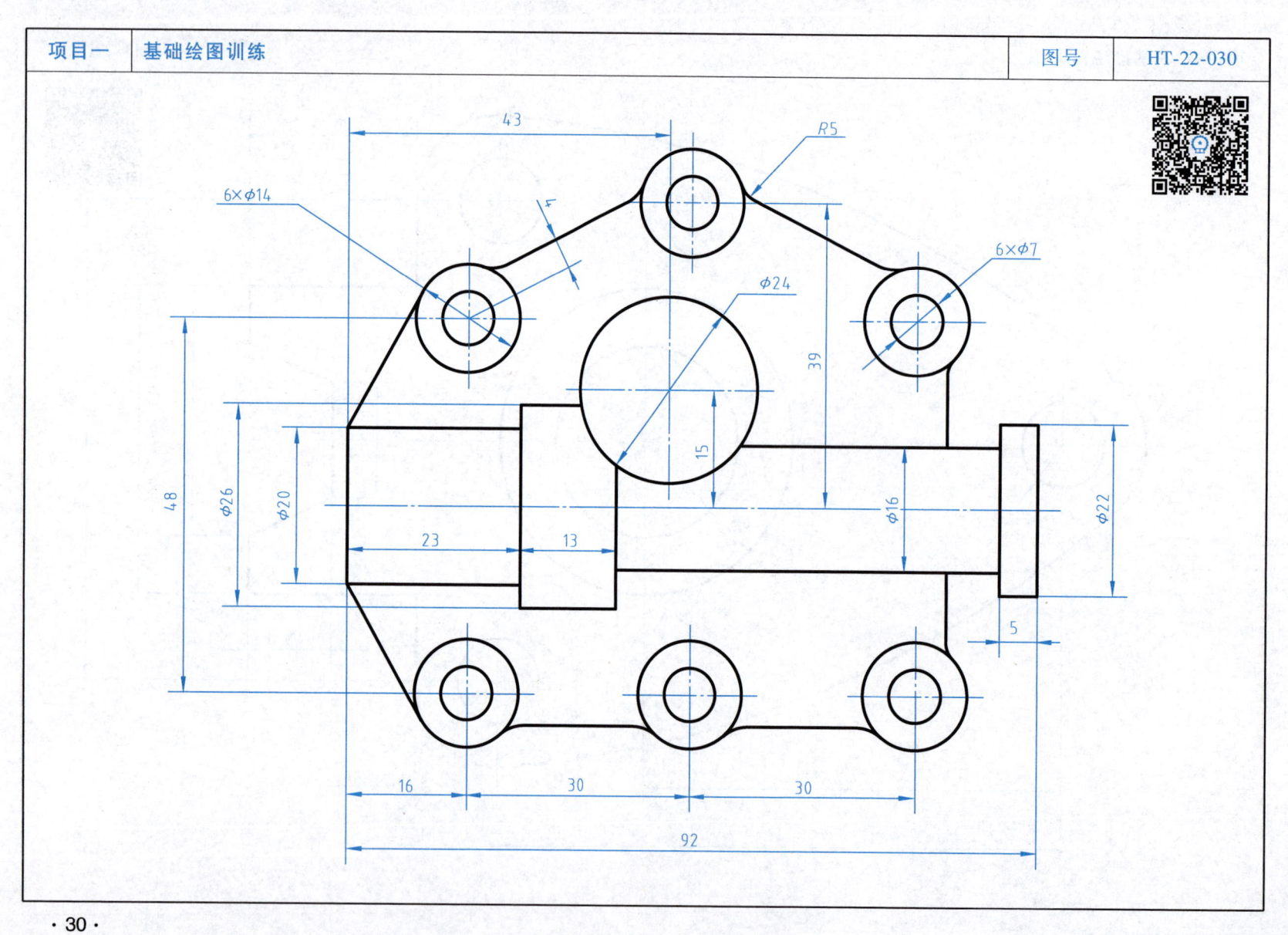

| 项目一 | 基础绘图训练 | | 图号 | HT-22-031 |

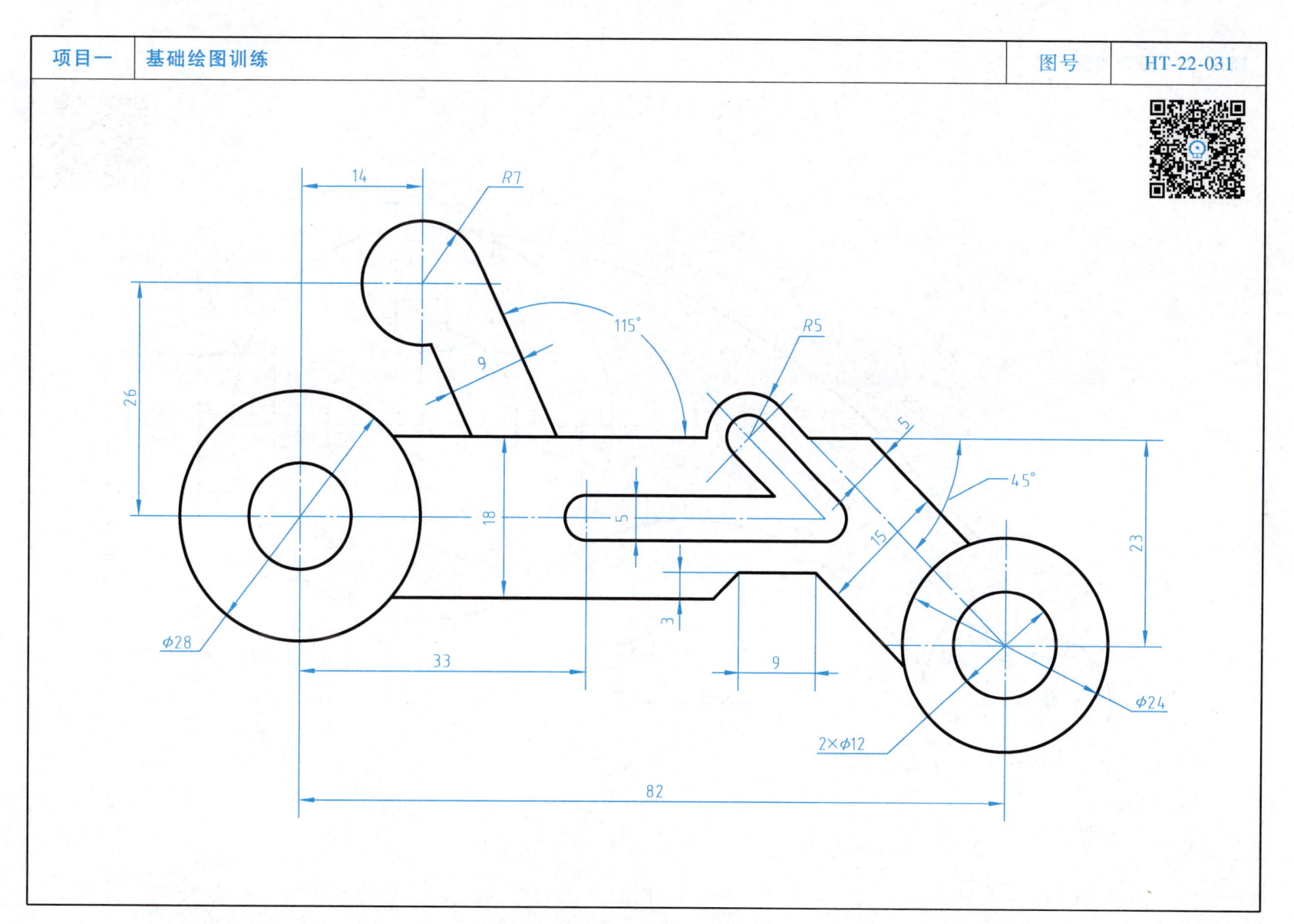

| 项目一 | 基础绘图训练 | | 图号 | HT-22-032 |

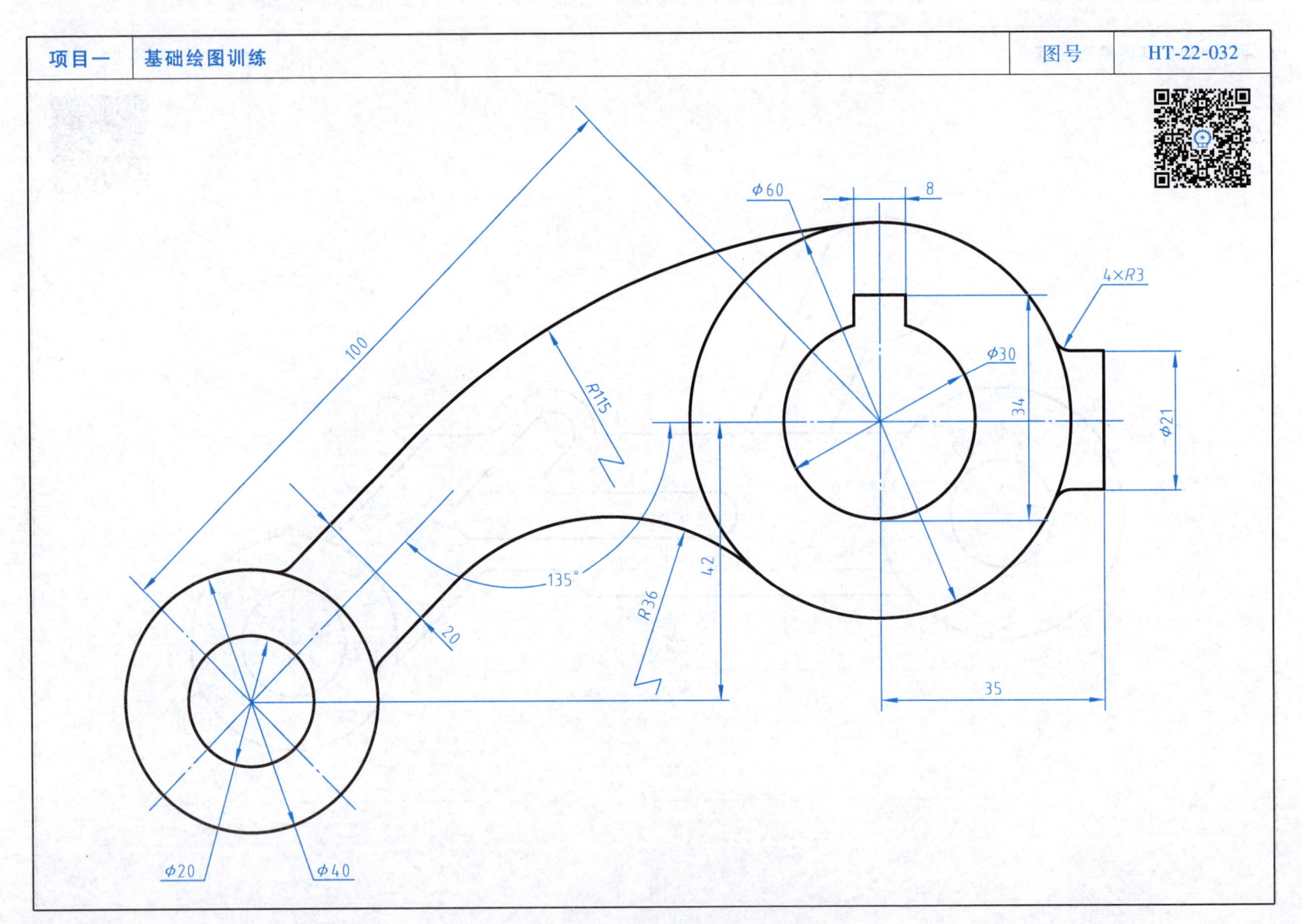

| 项目一 | 基础绘图训练 | | 图号 | HT-22-033 |

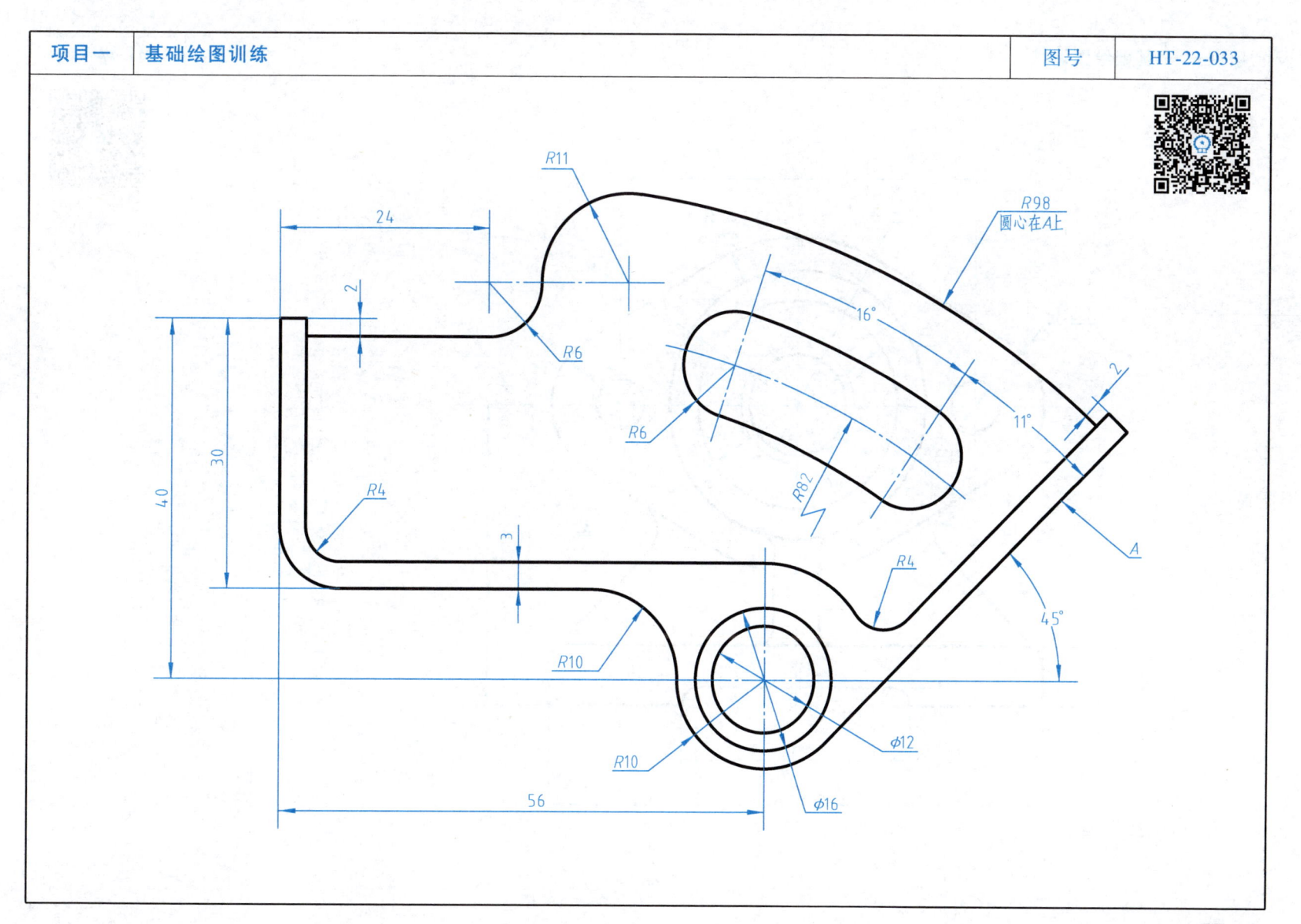

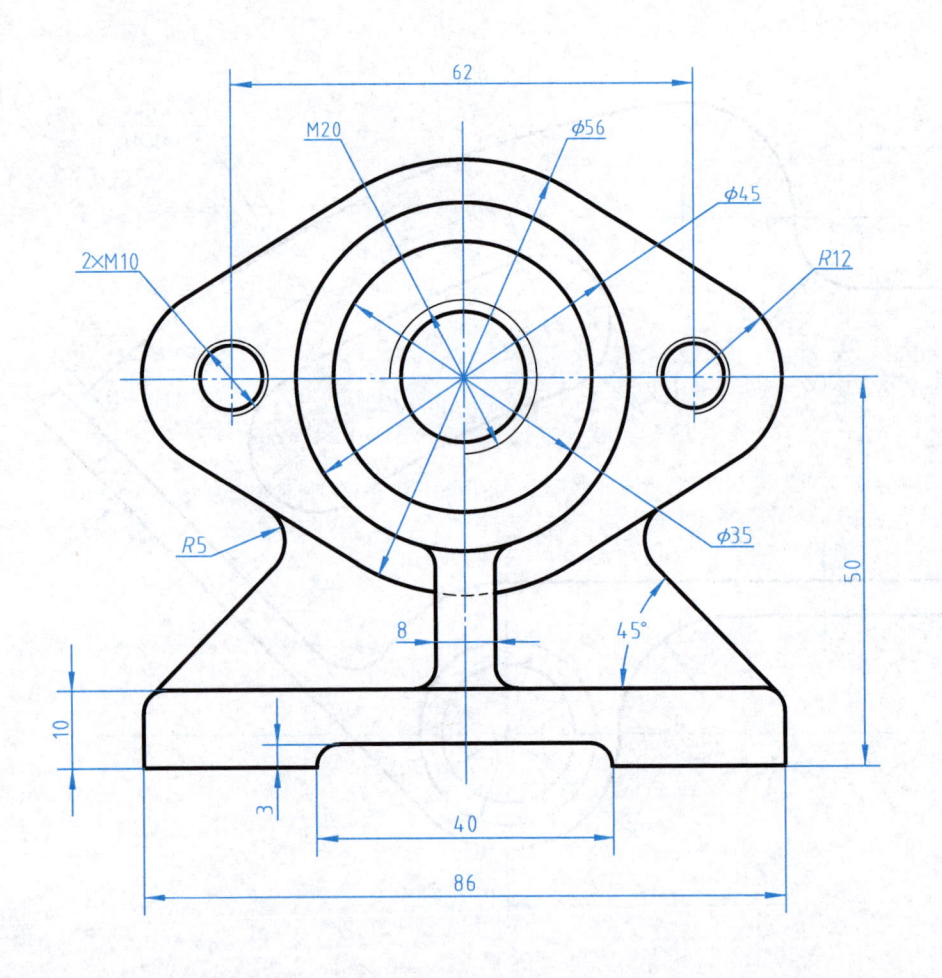

项目一 基础绘图训练 图号 HT-22-034

3

技术要求

1.锐角倒钝。
2.未注铸造圆角R3。
3.铸件不许有裂纹、气孔、疏松等缺陷。

· 34 ·

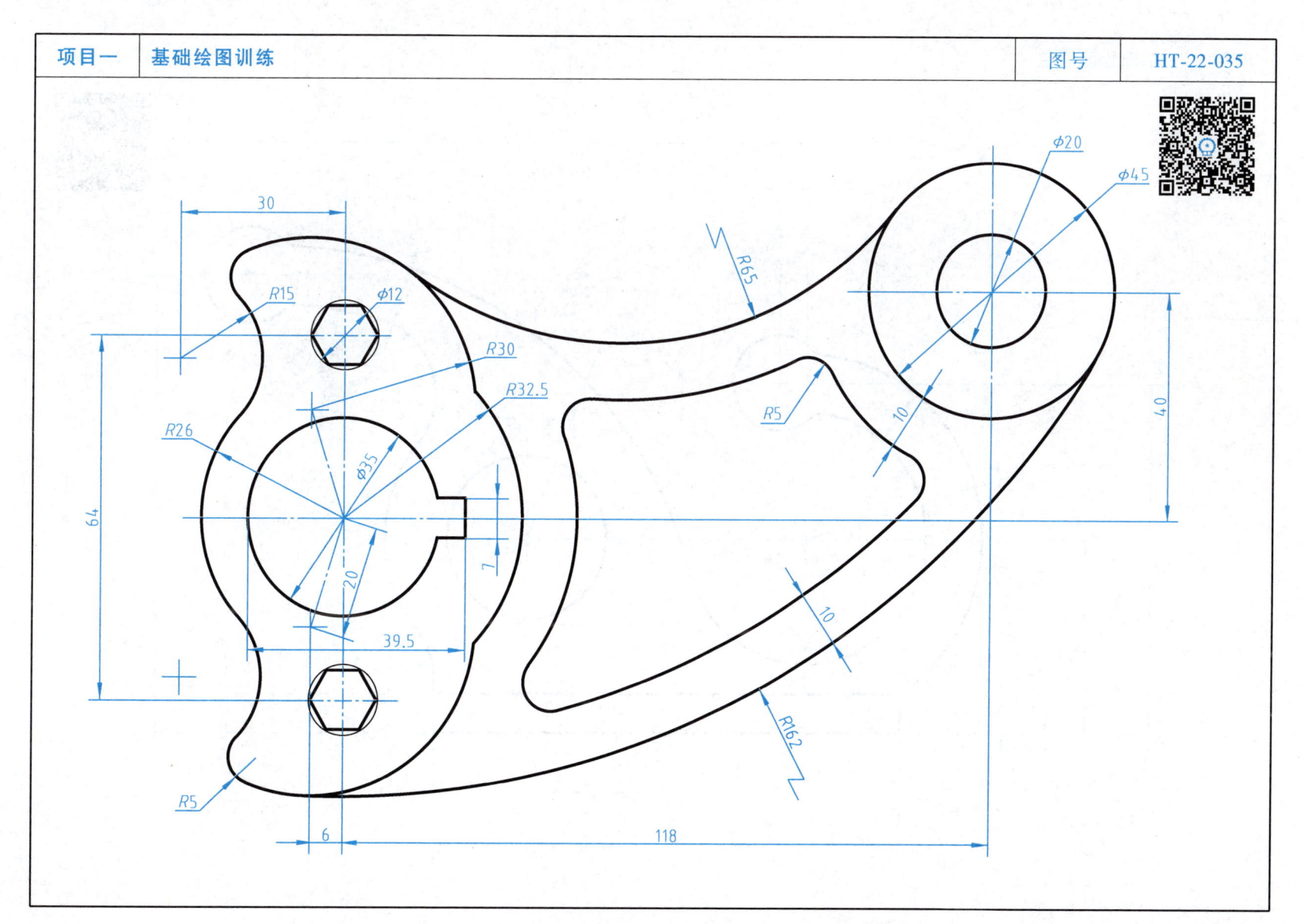

| 项目一 | 基础绘图训练 | | 图号 | HT-22-035 |

| 项目一 | 基础绘图训练 | | 图号 | HT-22-036 |

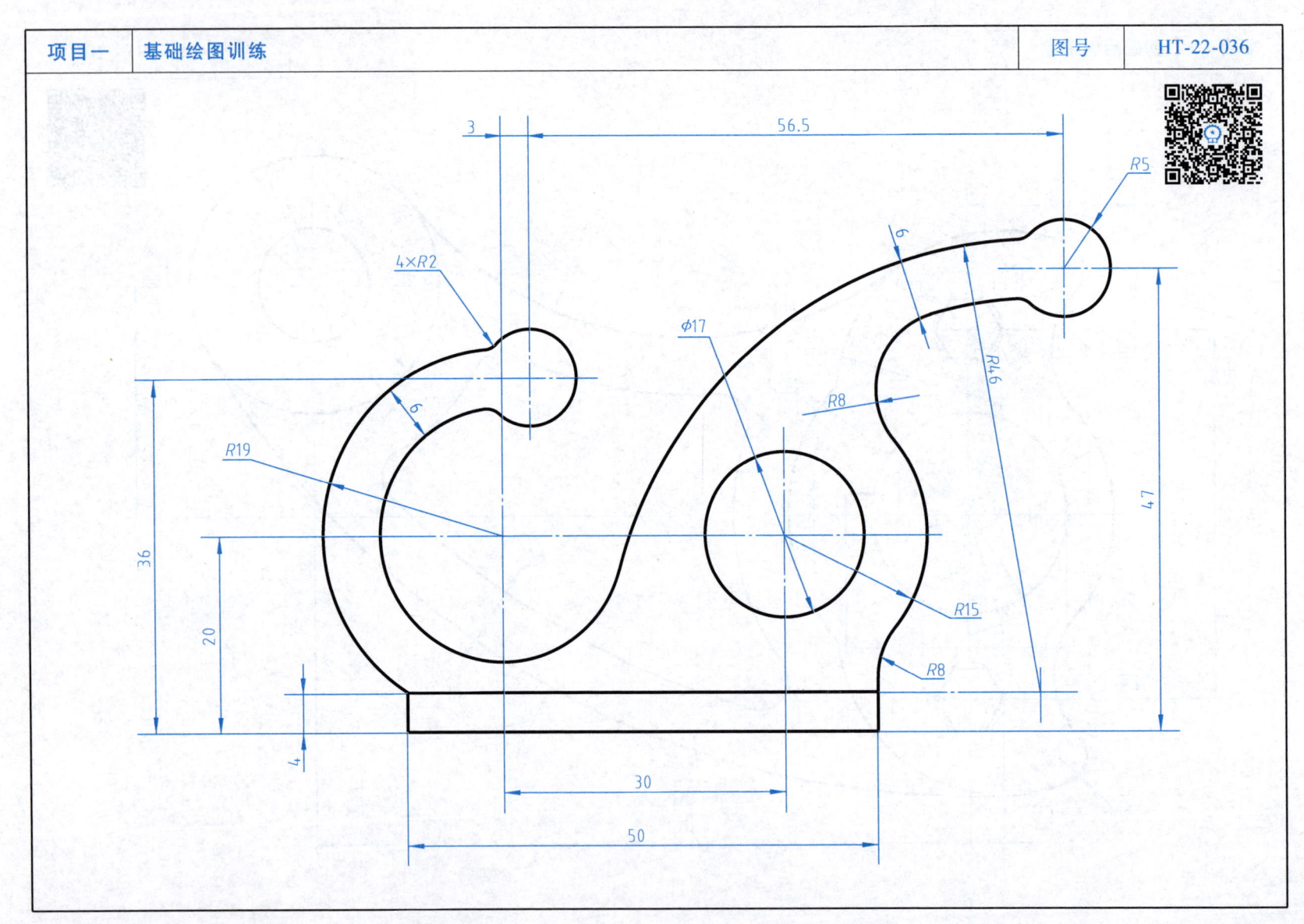

| 项目一 | 基础绘图训练 | | 图号 | HT-22-037 |

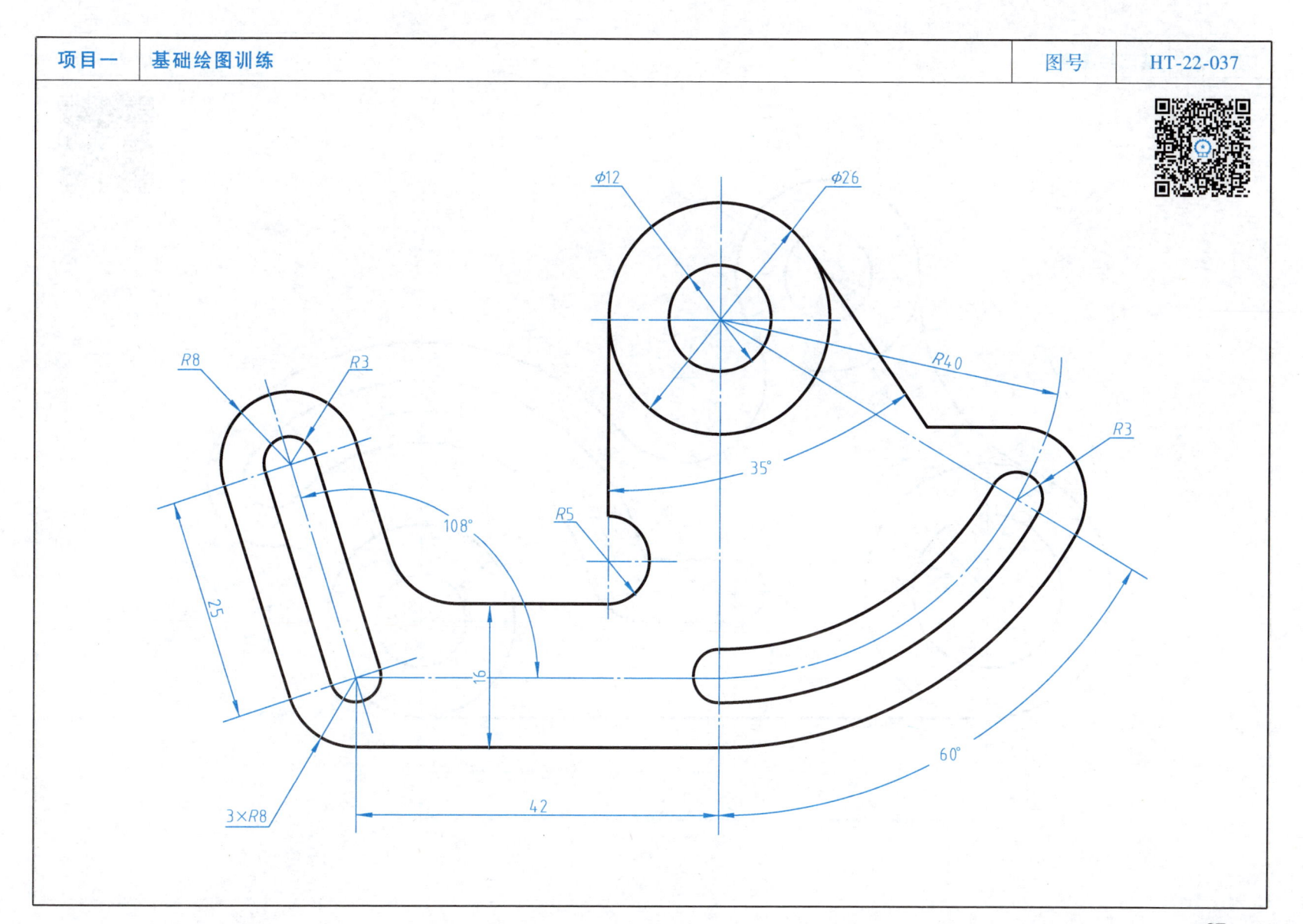

| 项目一 | 基础绘图训练 | | 图号 | HT-22-038 |

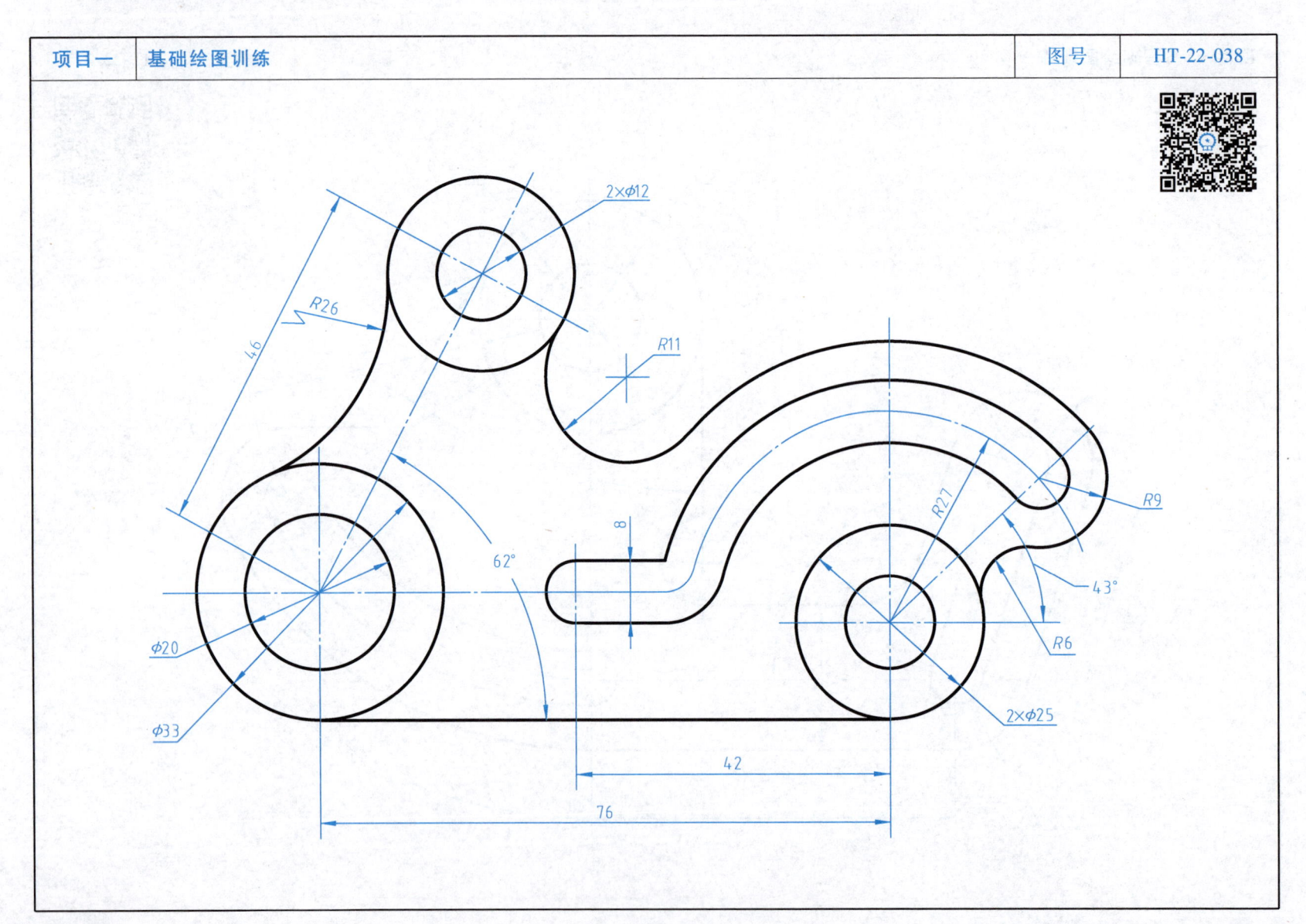

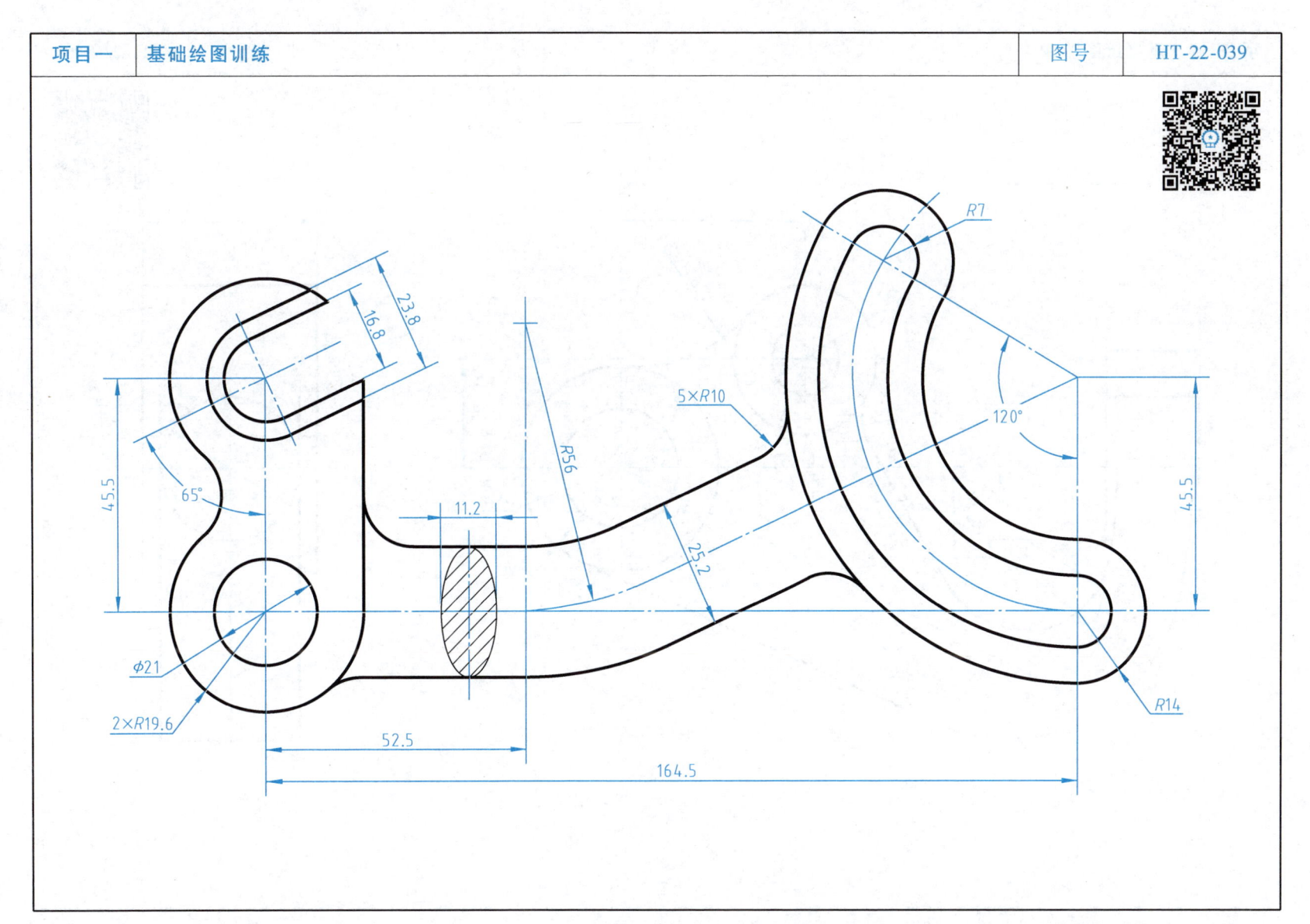

项目一	基础绘图训练		图号	HT-22-039

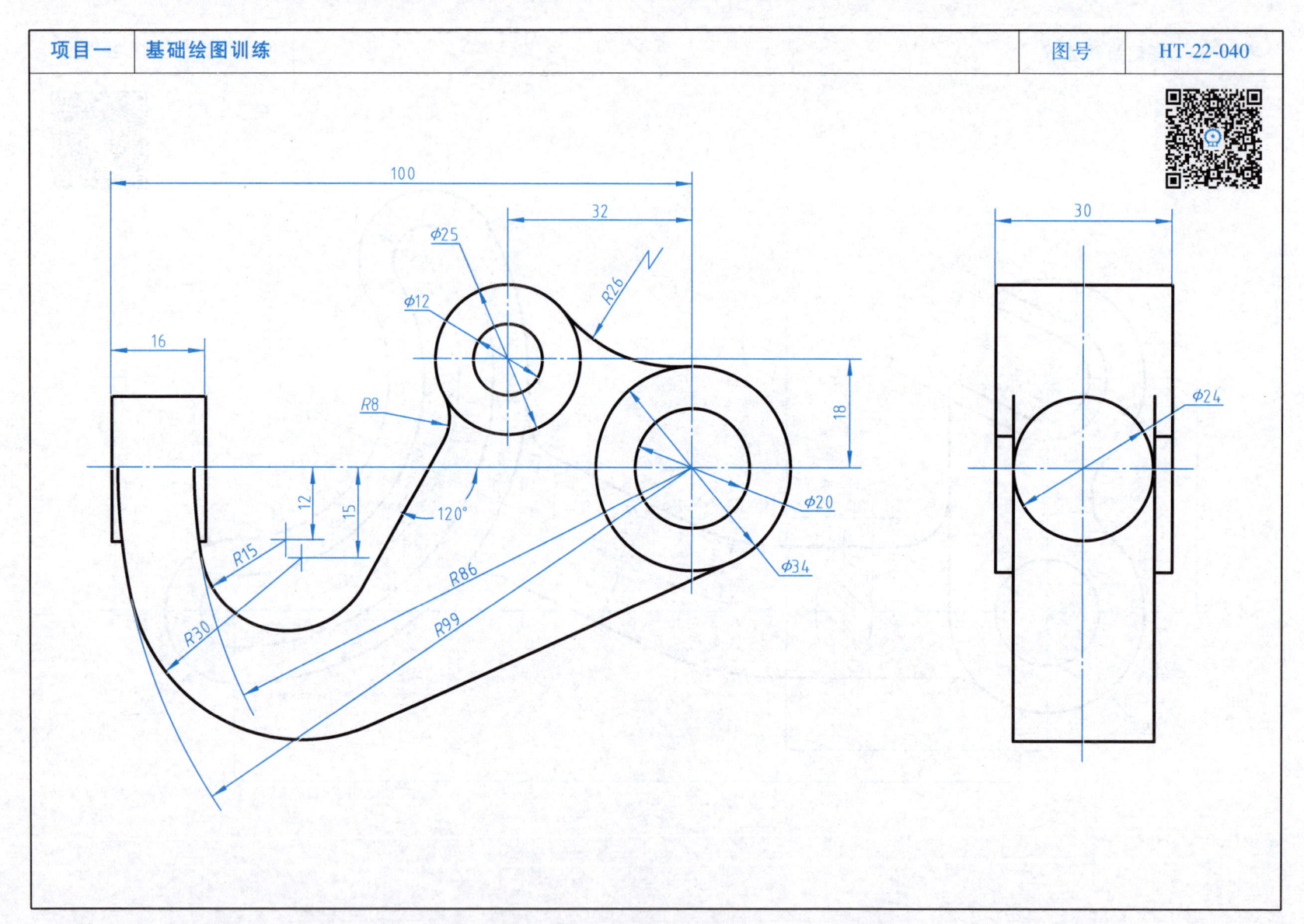

项目一	基础绘图训练		图号	HT-22-040

| 项目一 | 基础绘图训练 | 图号 | HT-22-041 |

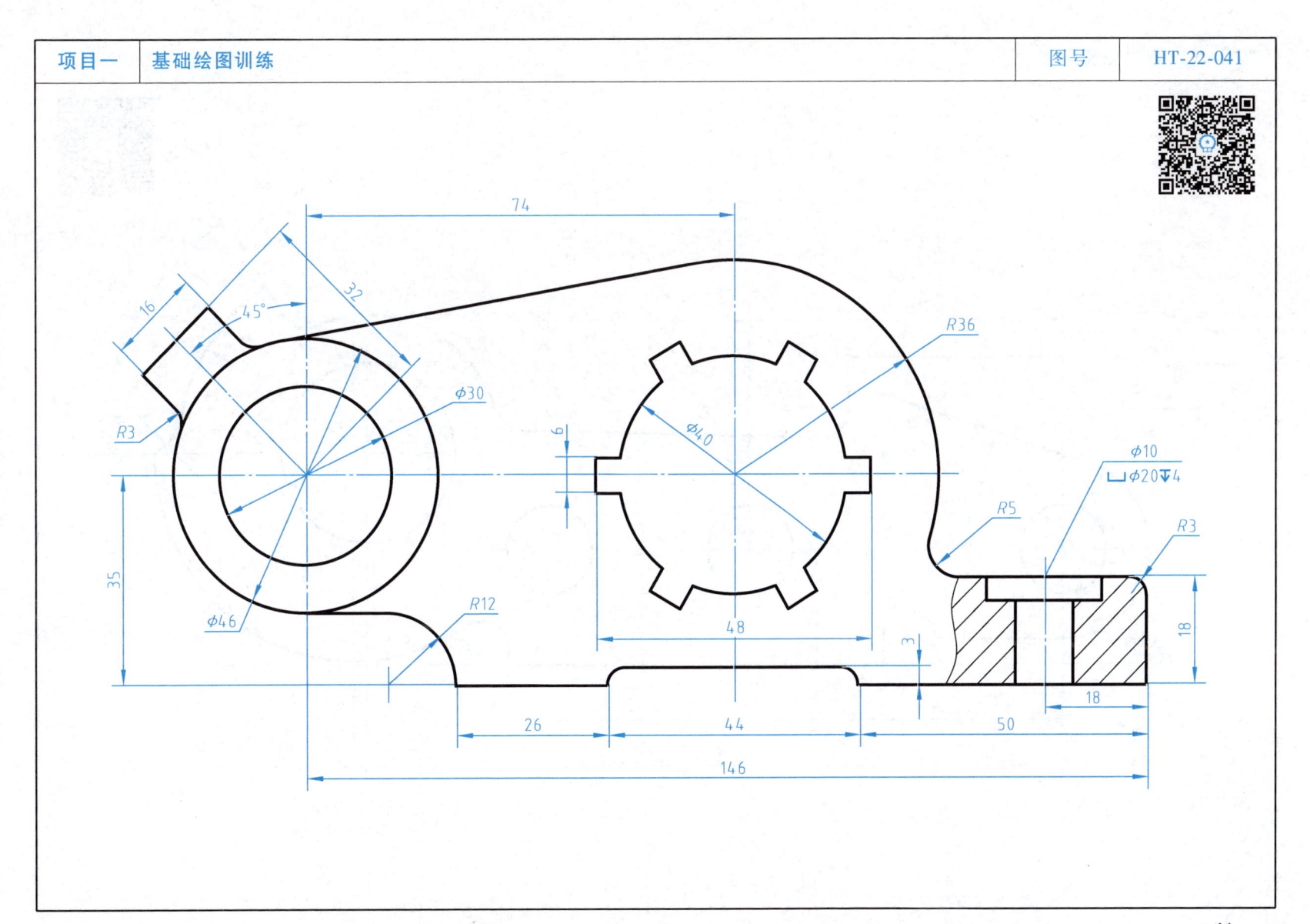

| 项目一 | 基础绘图训练 | | 图号 | HT-22-042 |

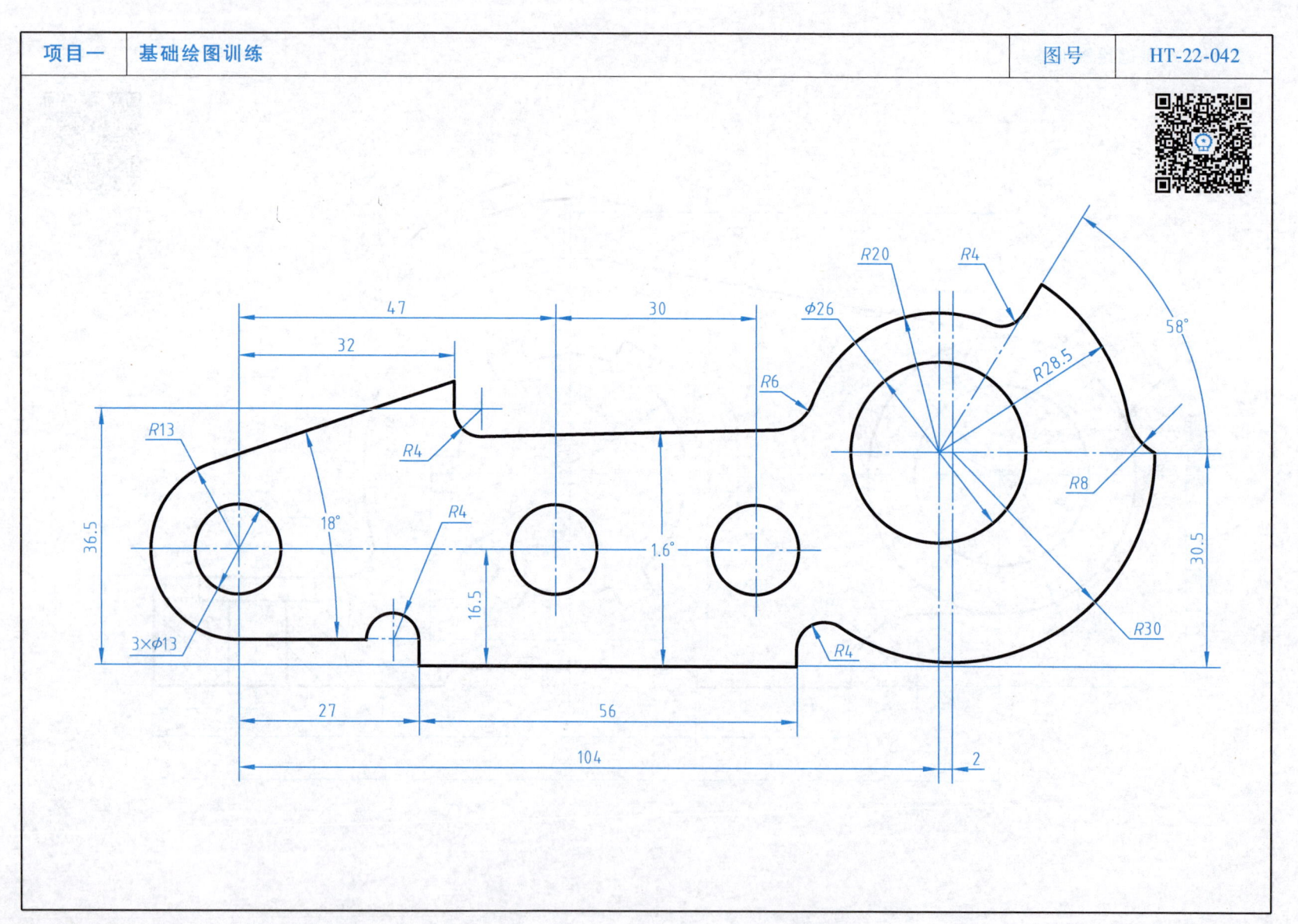

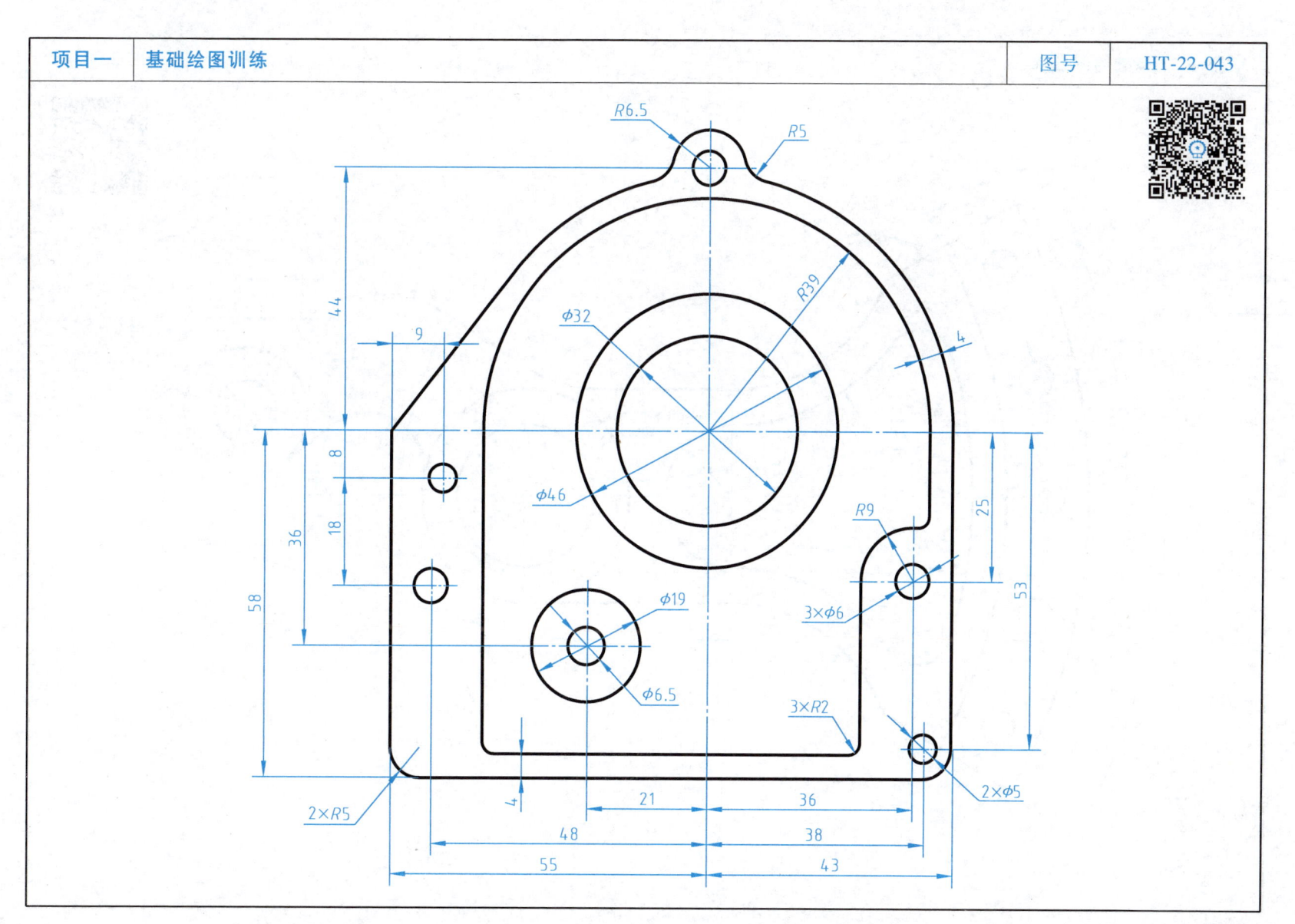

项目一	基础绘图训练		图号	HT-22-043

| 项目一 | 基础绘图训练 | | 图号 | HT-22-044 |

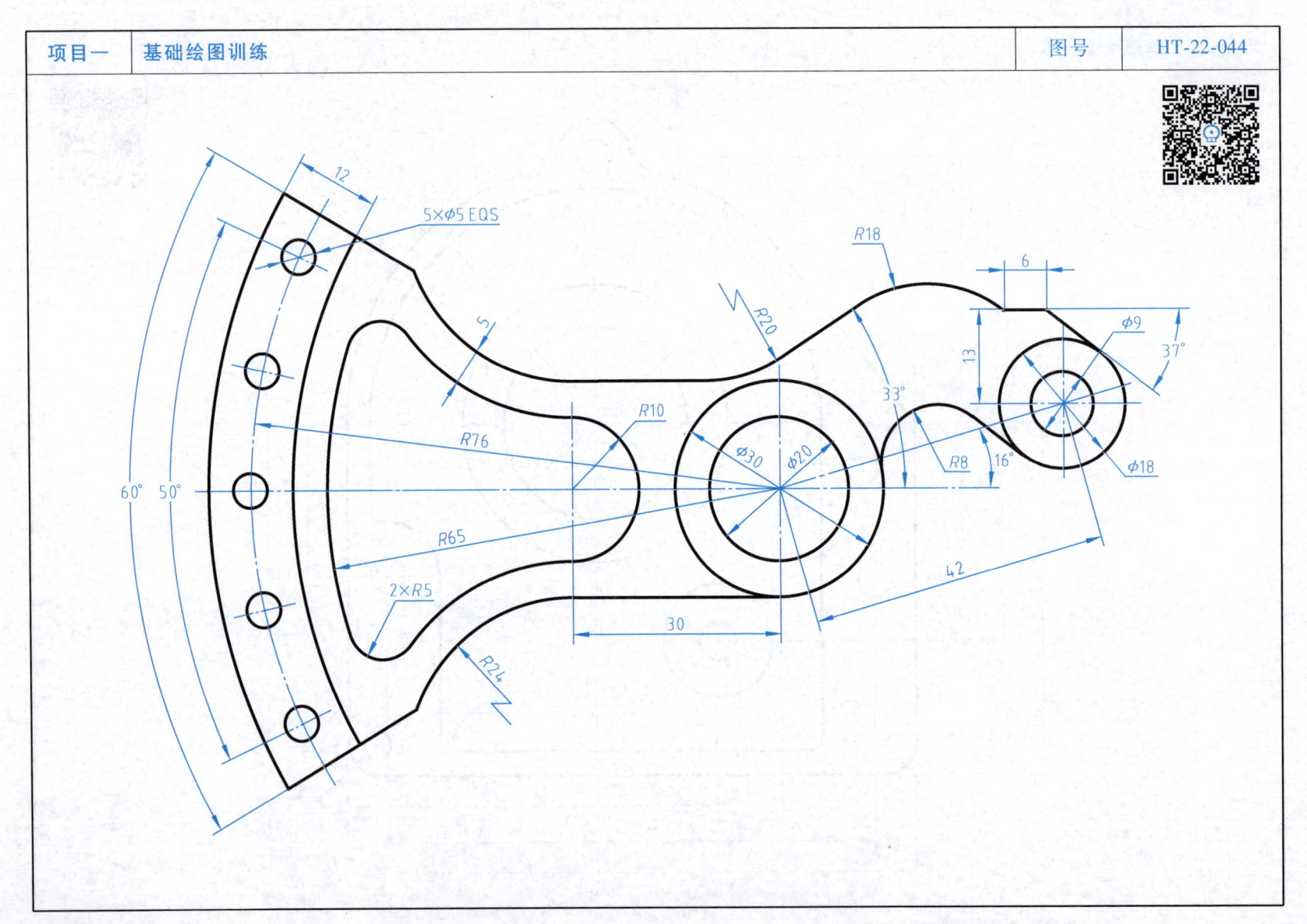

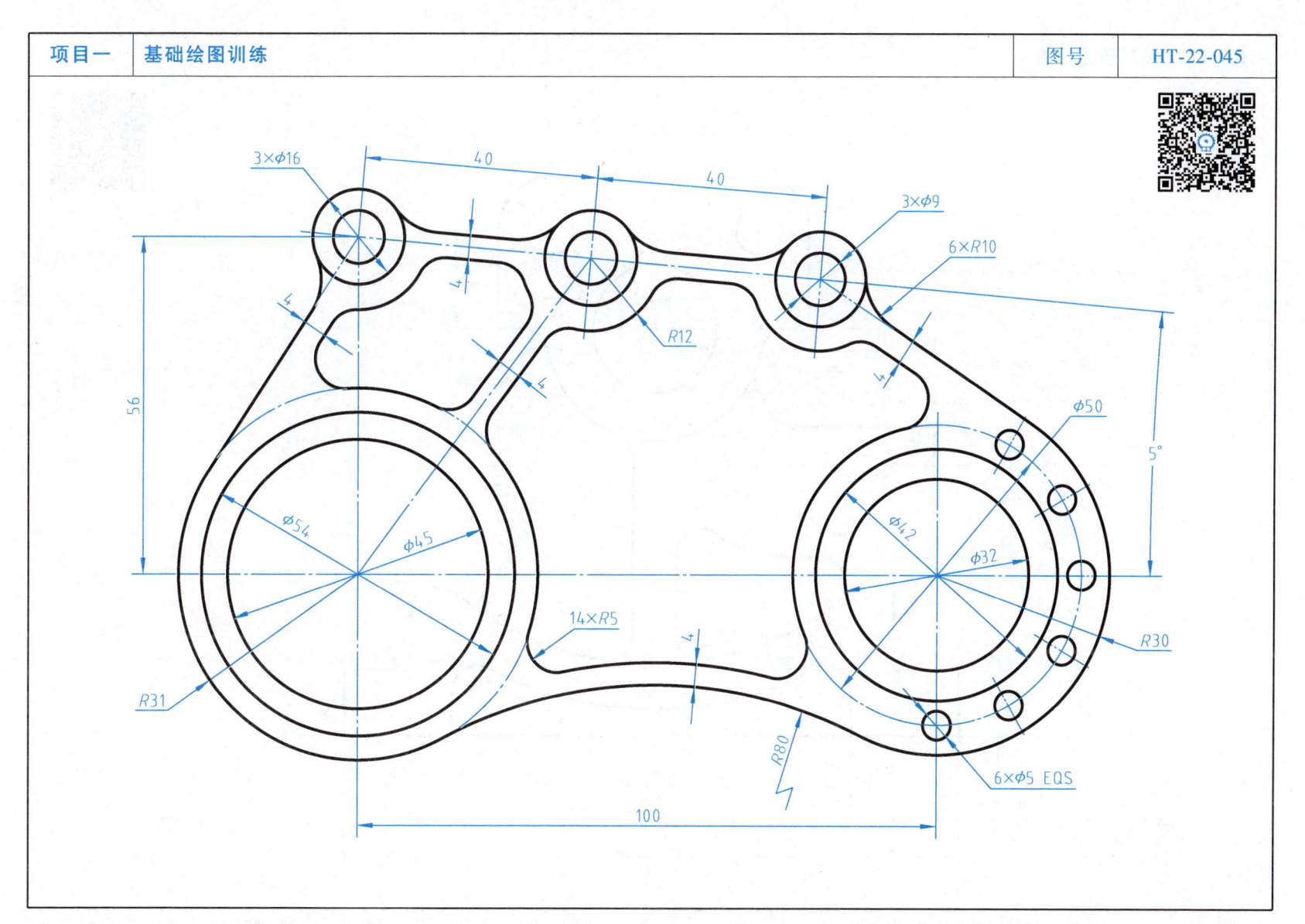

项目一	基础绘图训练		图号	HT-22-045

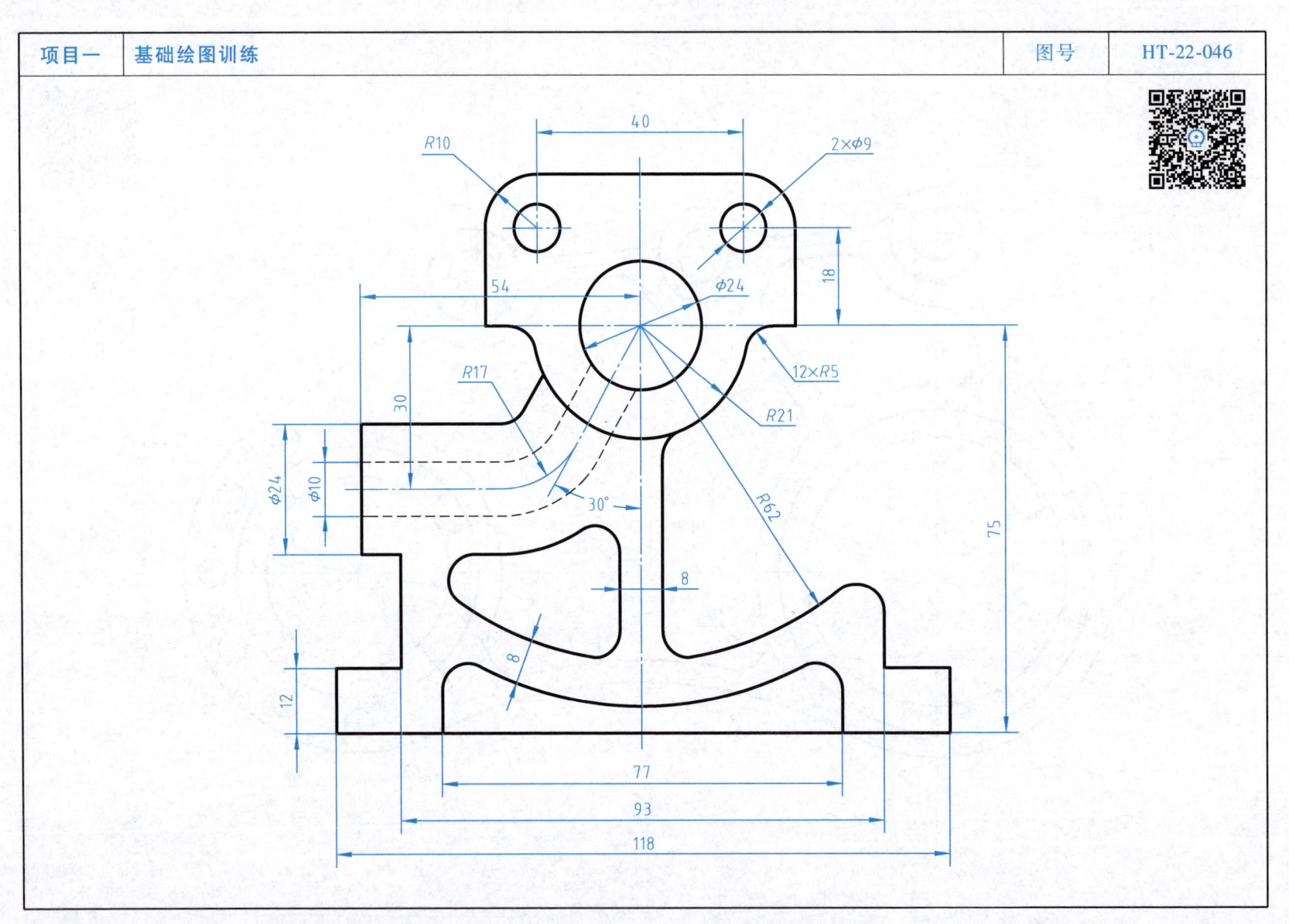

项目一	基础绘图训练		图号	HT-22-046

| 项目一 | 基础绘图训练 | | 图号 | HT-22-047 |

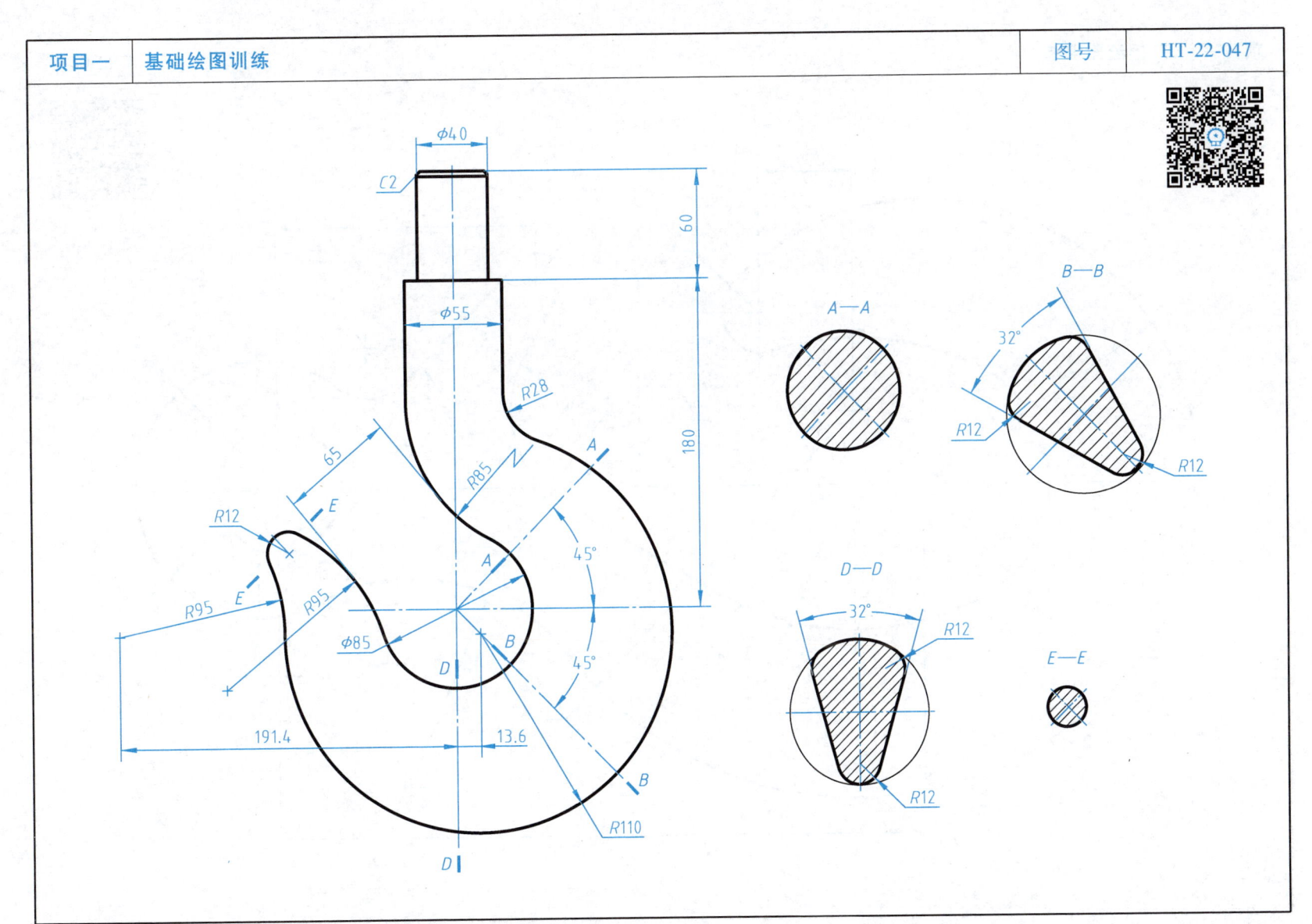

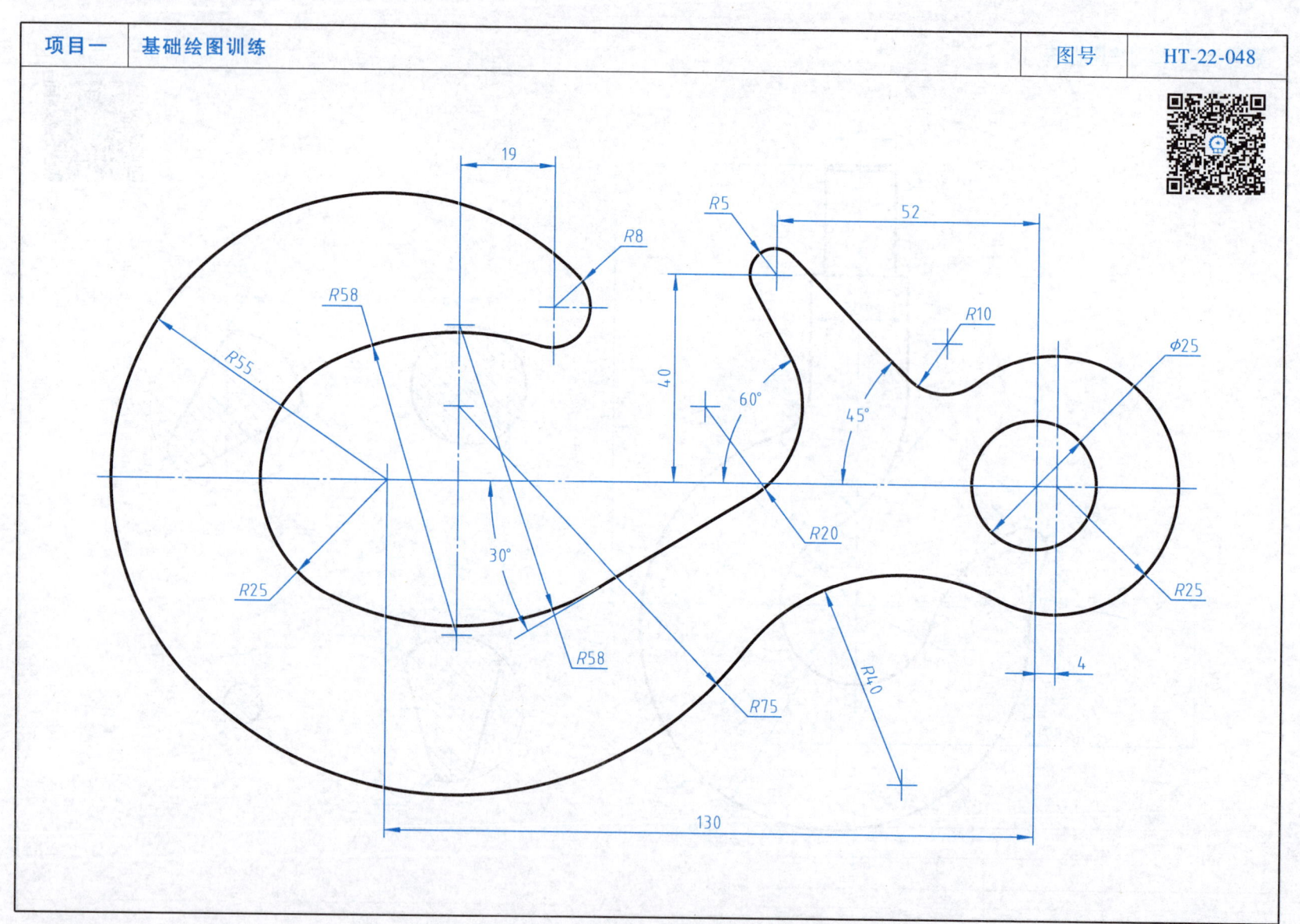

项目一   **基础绘图训练**   图号   HT-22-048

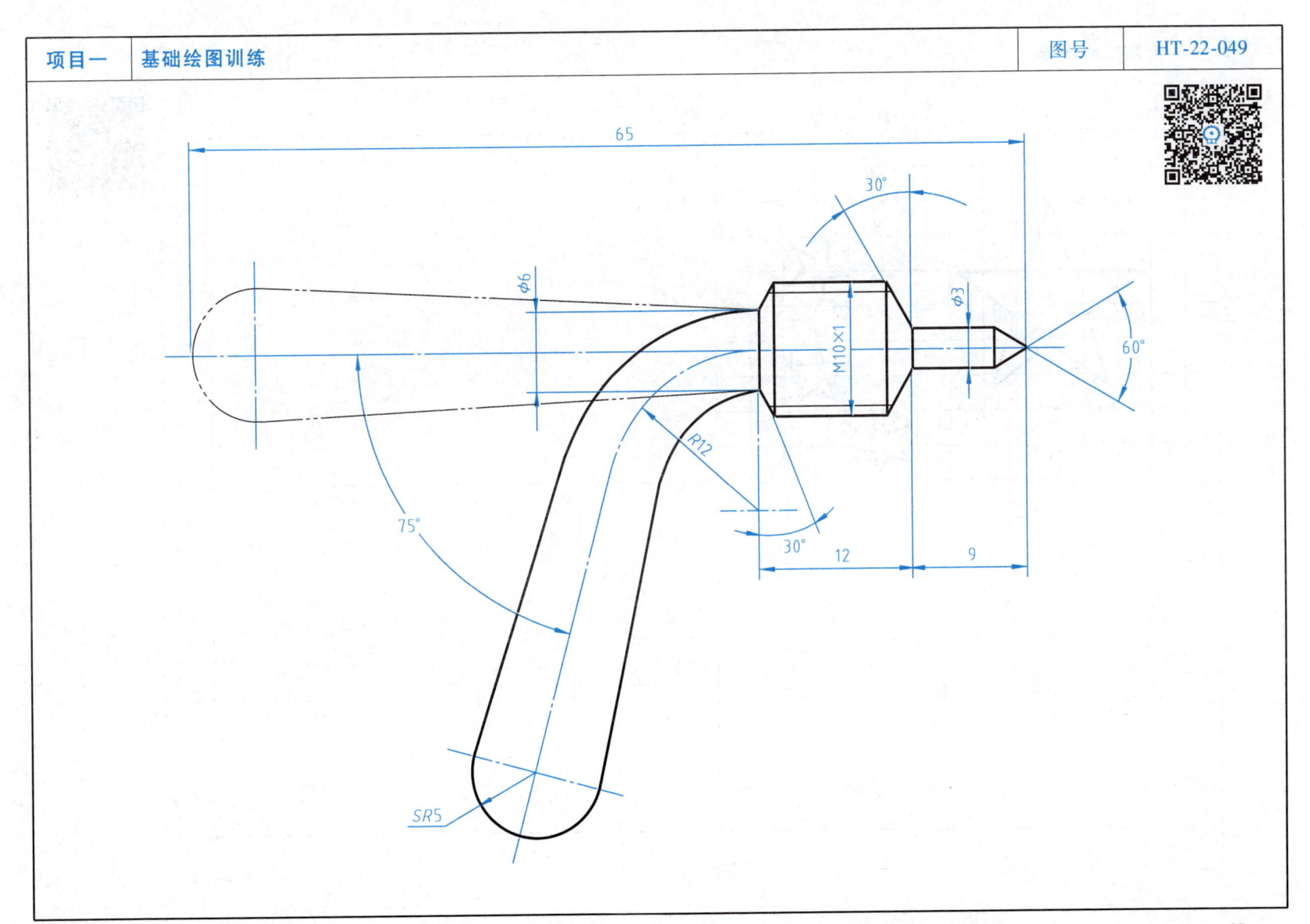

项目一　　基础绘图训练　　　　　　　　　　　　　　　　　　　　图号　　HT-22-049

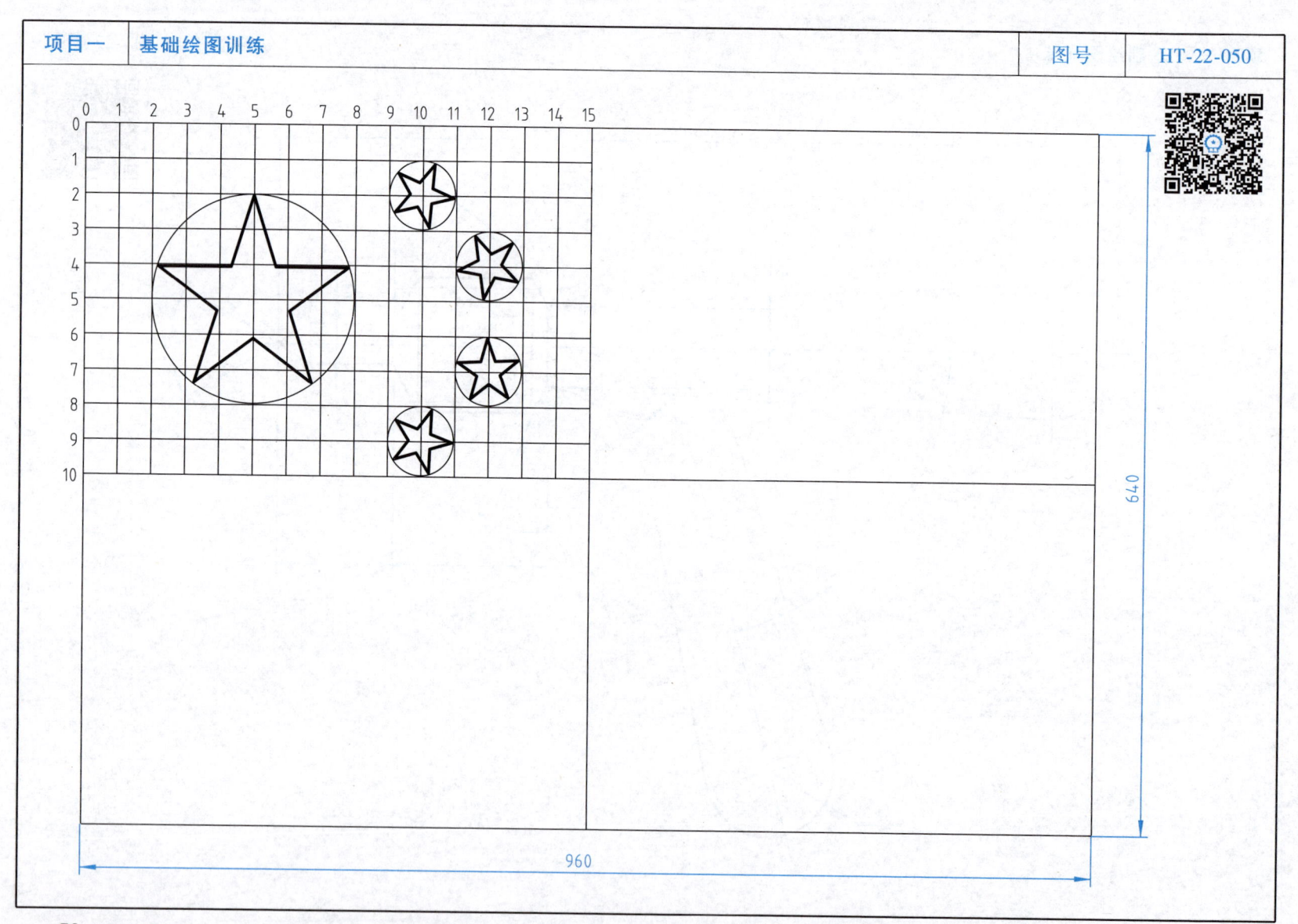

项目一　基础绘图训练　　　　　　　　　图号　HT-22-050

· 50 ·

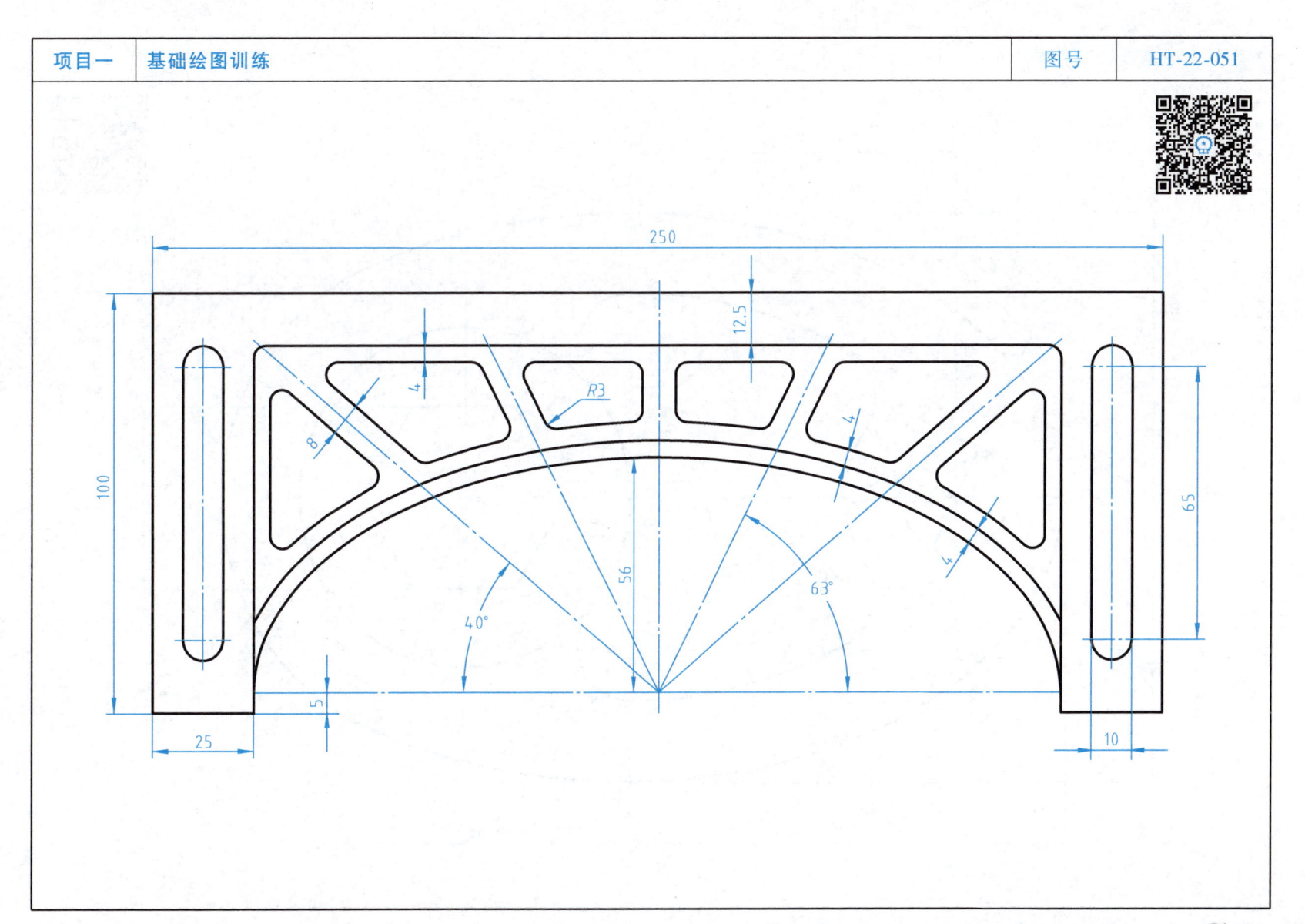

| 项目一 | 基础绘图训练 | 图号 | HT-22-051 |

| 项目一 | 基础绘图训练 | | 图号 | HT-22-052 |

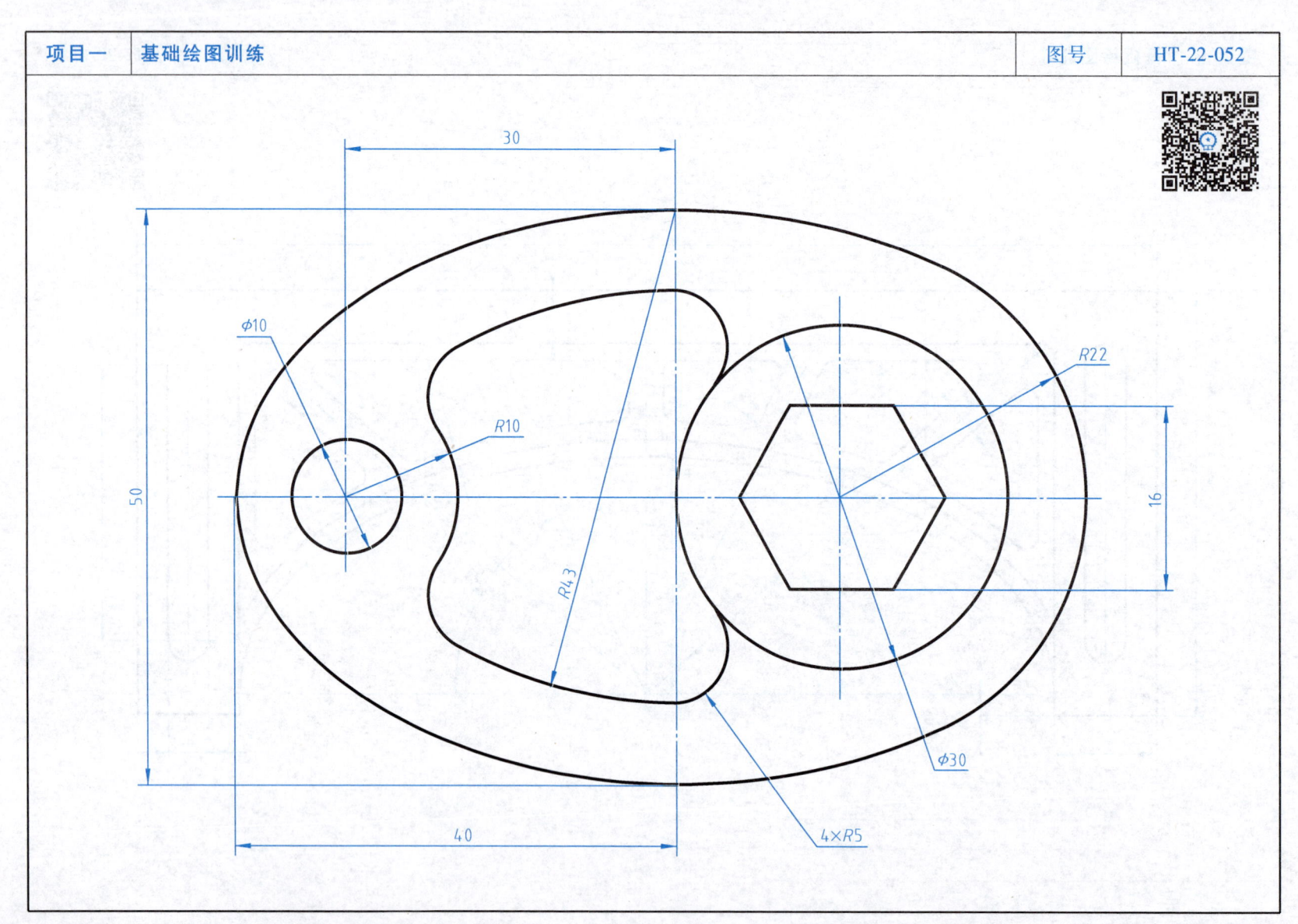

| 项目一 | 基础绘图训练 | 图号 | HT-22-053 |

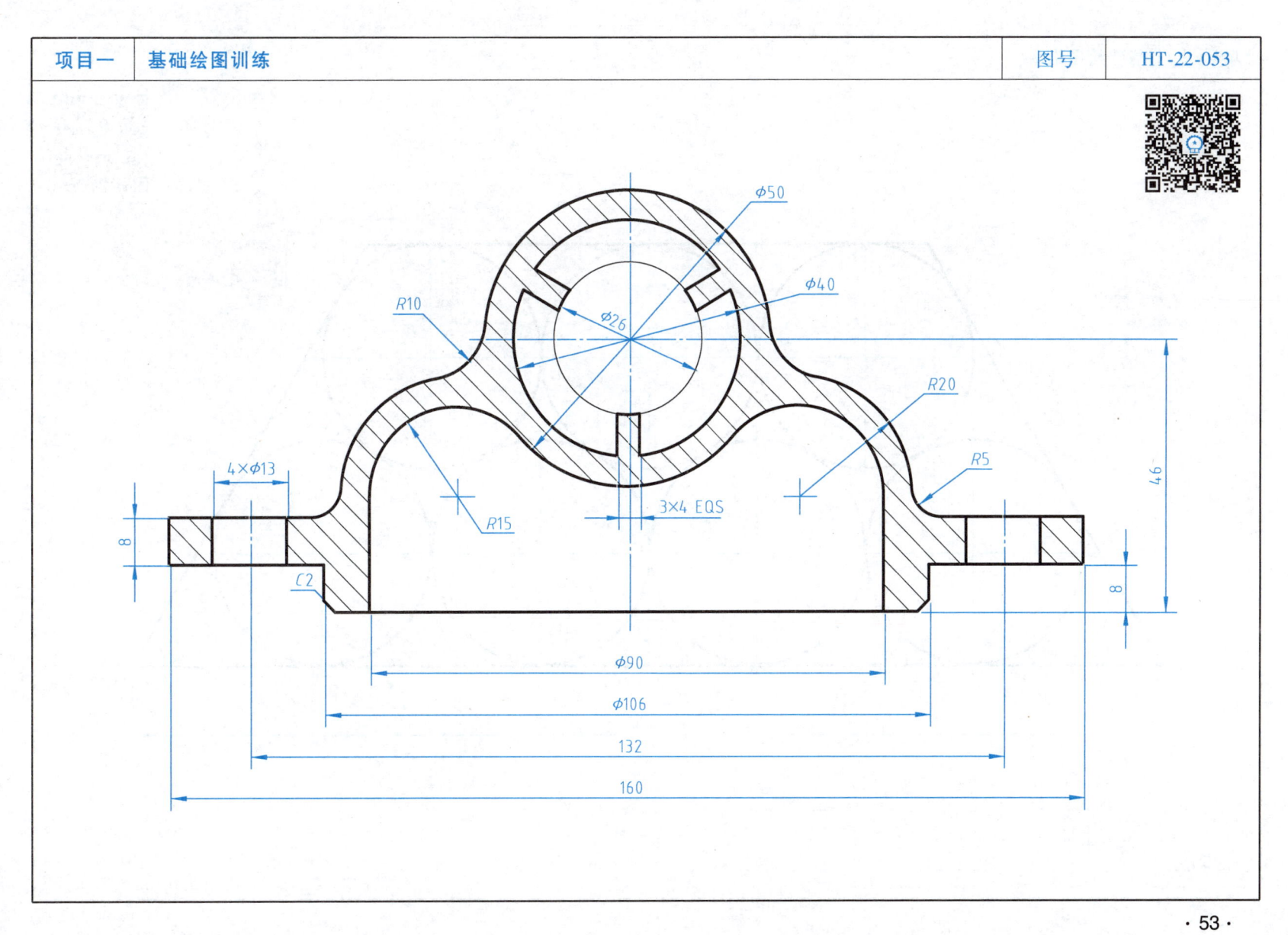

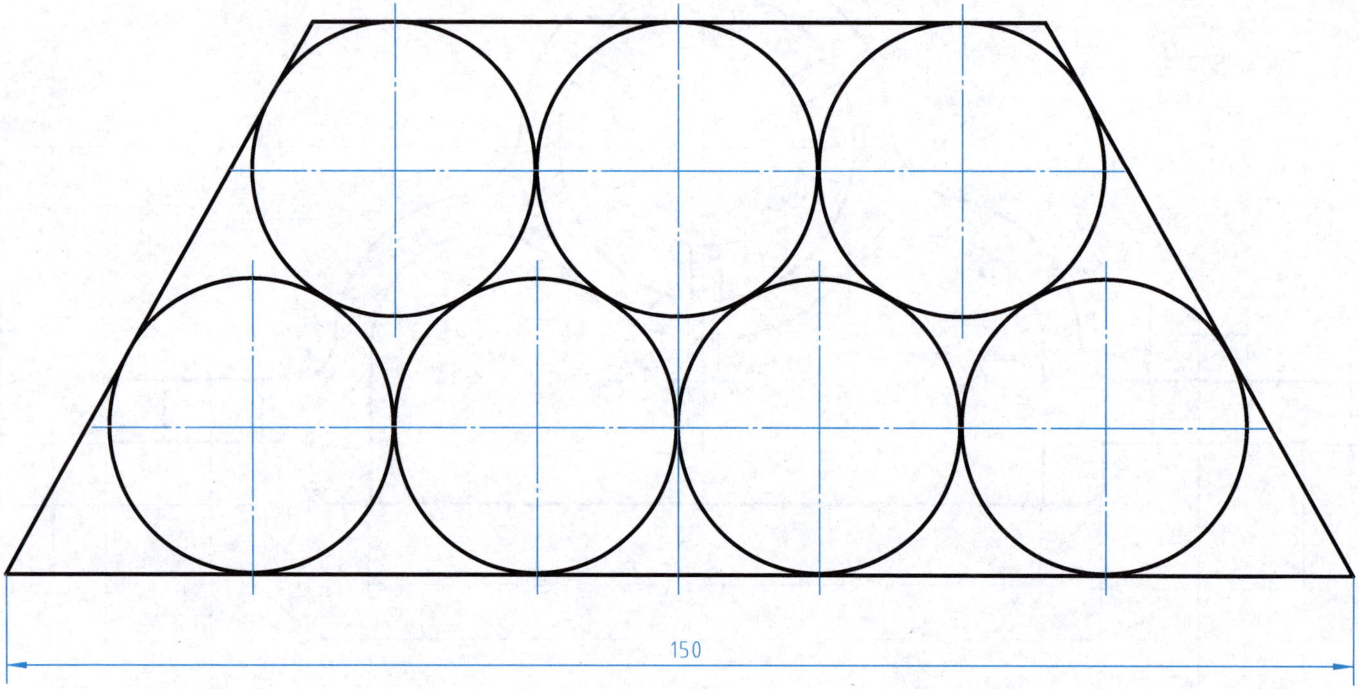

项目一	基础绘图训练		图号	HT-22-054

150

项目一　基础绘图训练　　　图号　HT-22-055

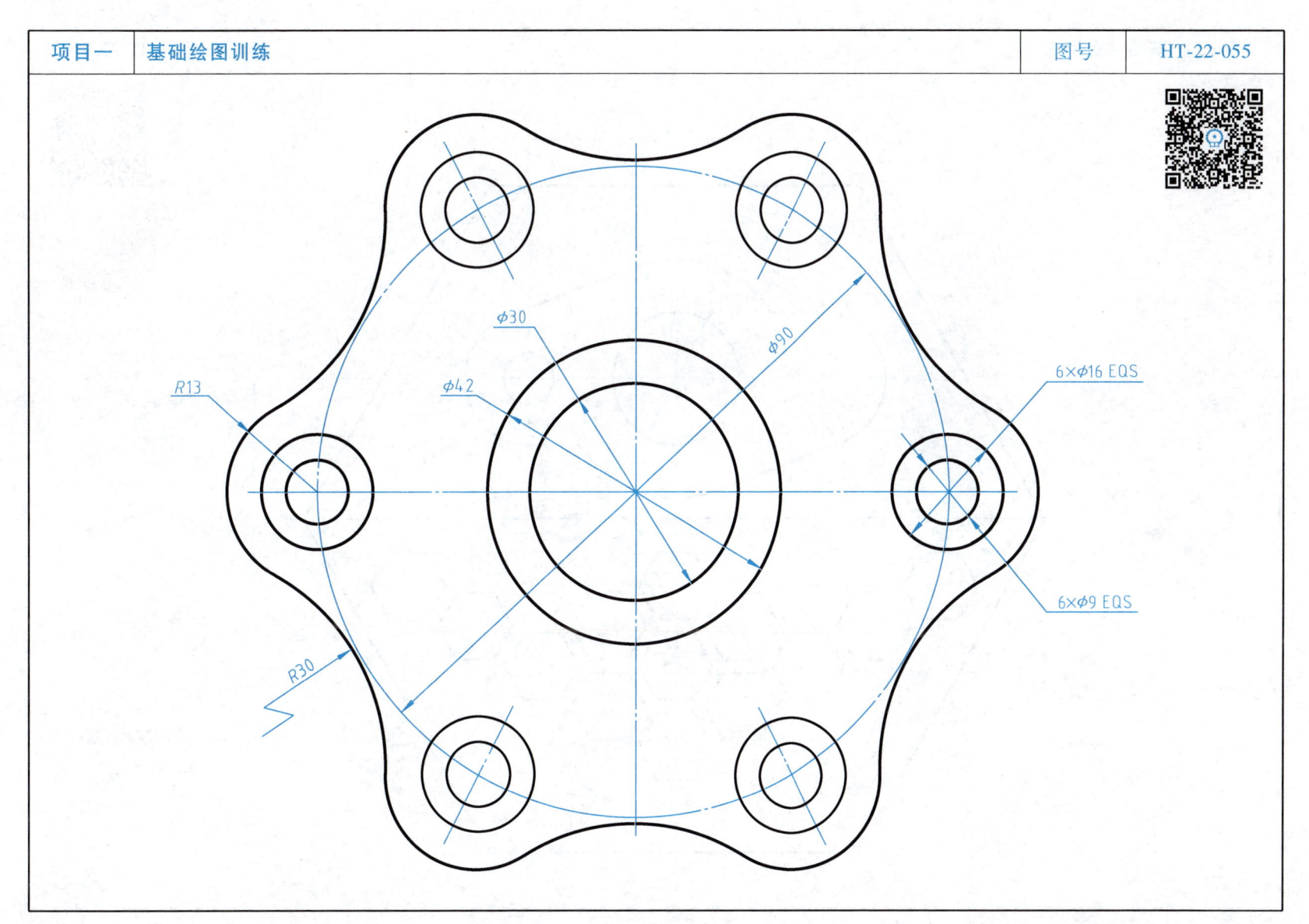

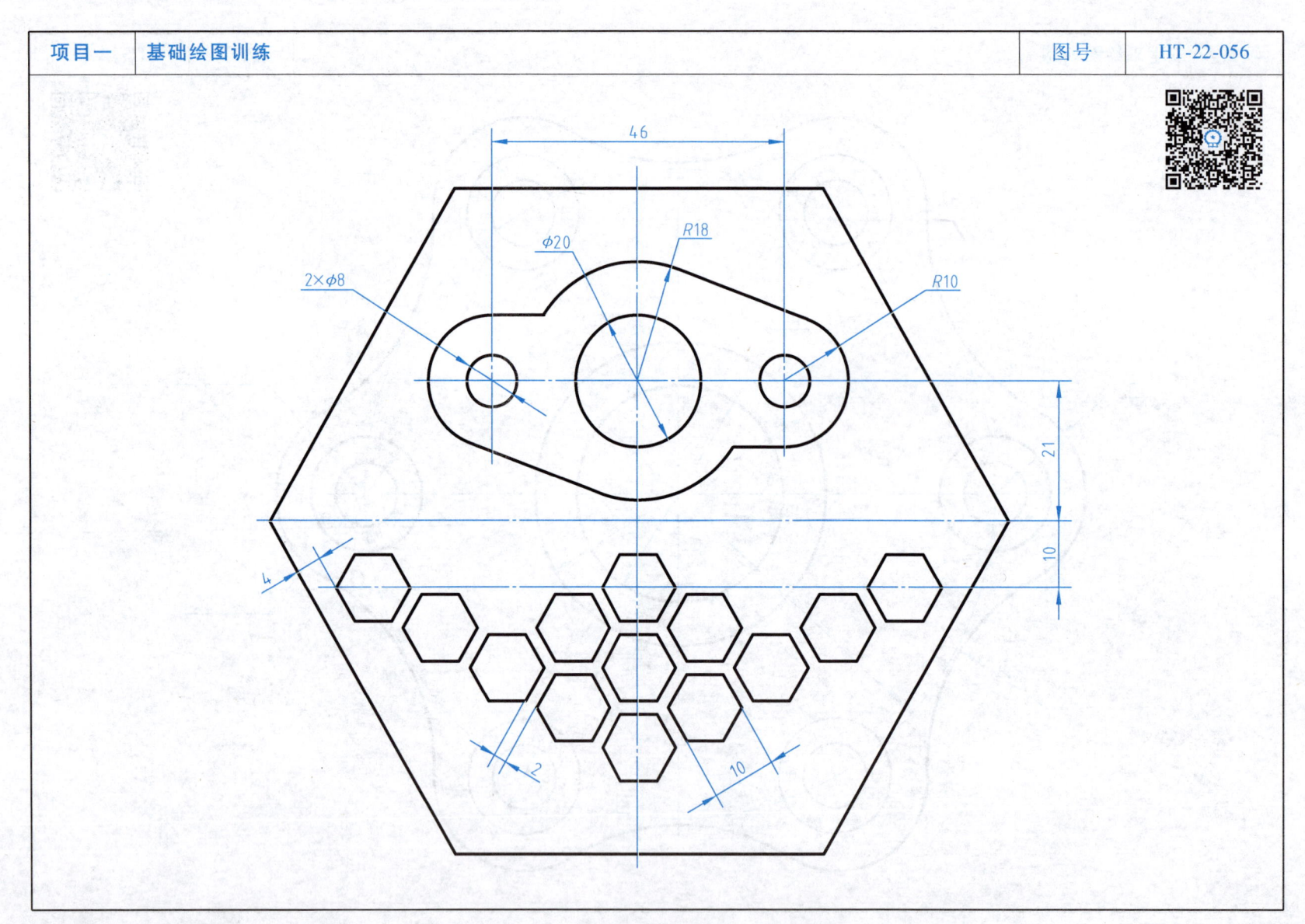

| 项目一 | 基础绘图训练 | | 图号 | HT-22-056 |

| 项目一 | 基础绘图训练 | 图号 | HT-22-057 |

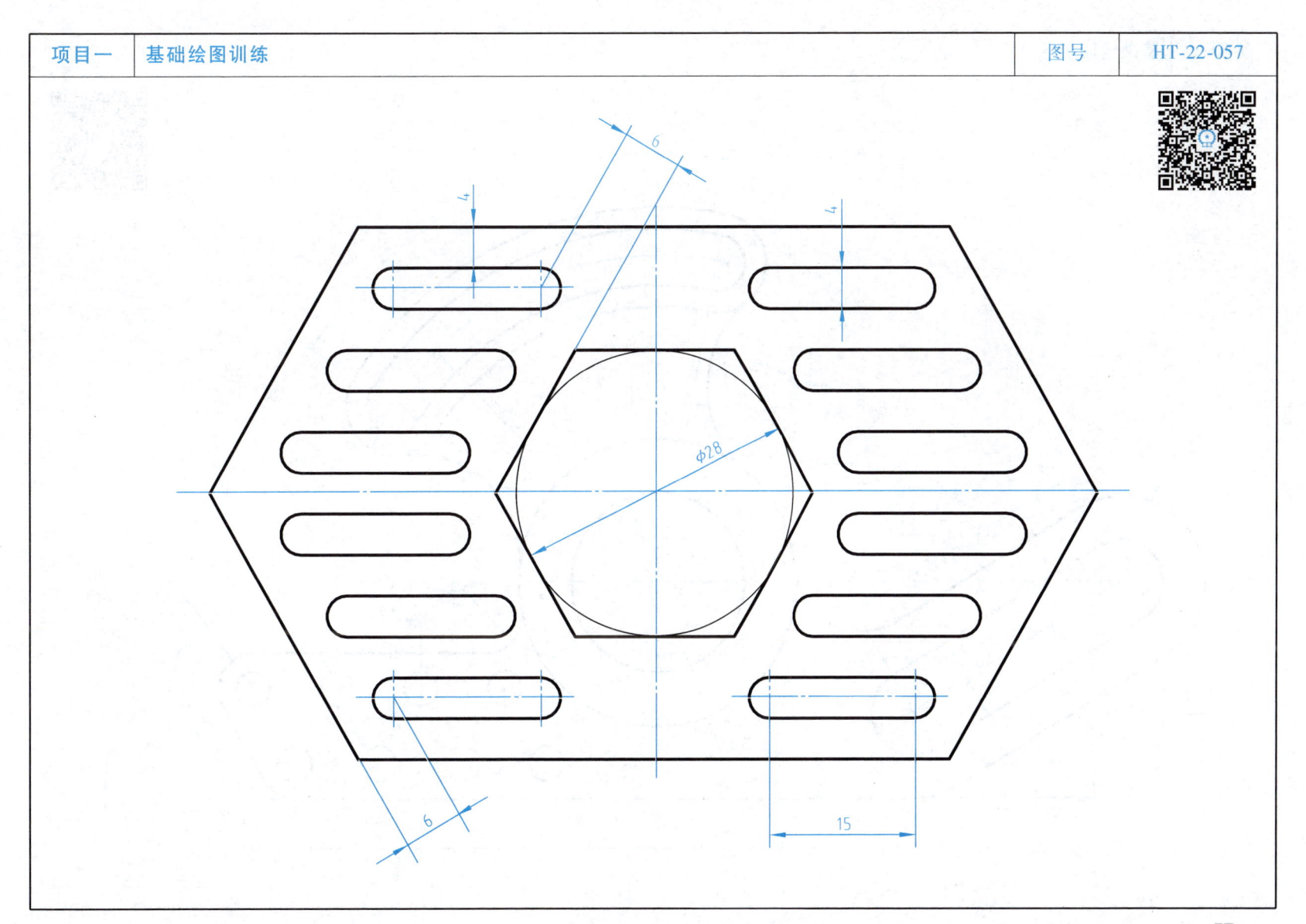

| 项目一 | 基础绘图训练 | | 图号 | HT-22-058 |

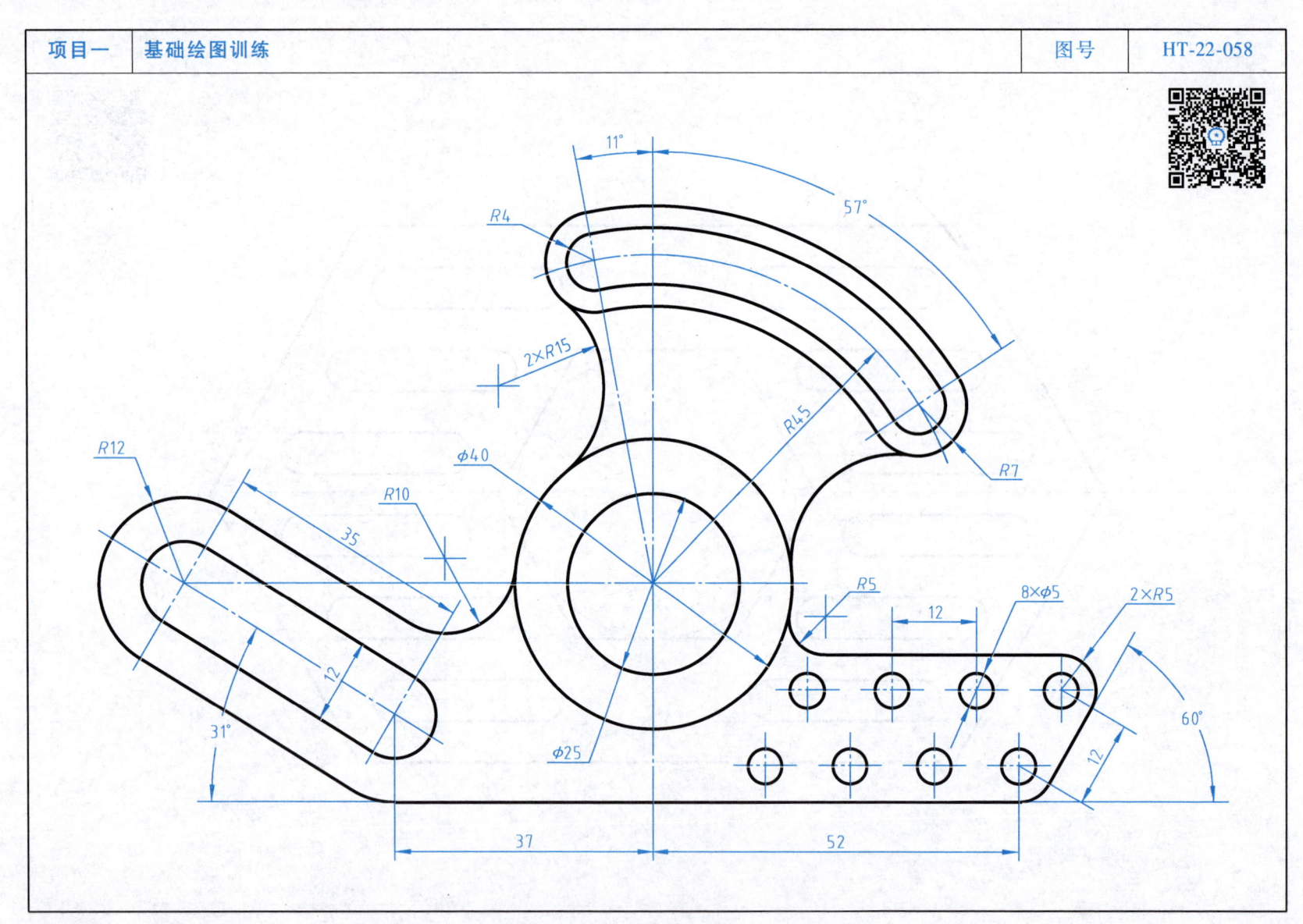

| 项目一 | 基础绘图训练 | | 图号 | HT-22-059 |

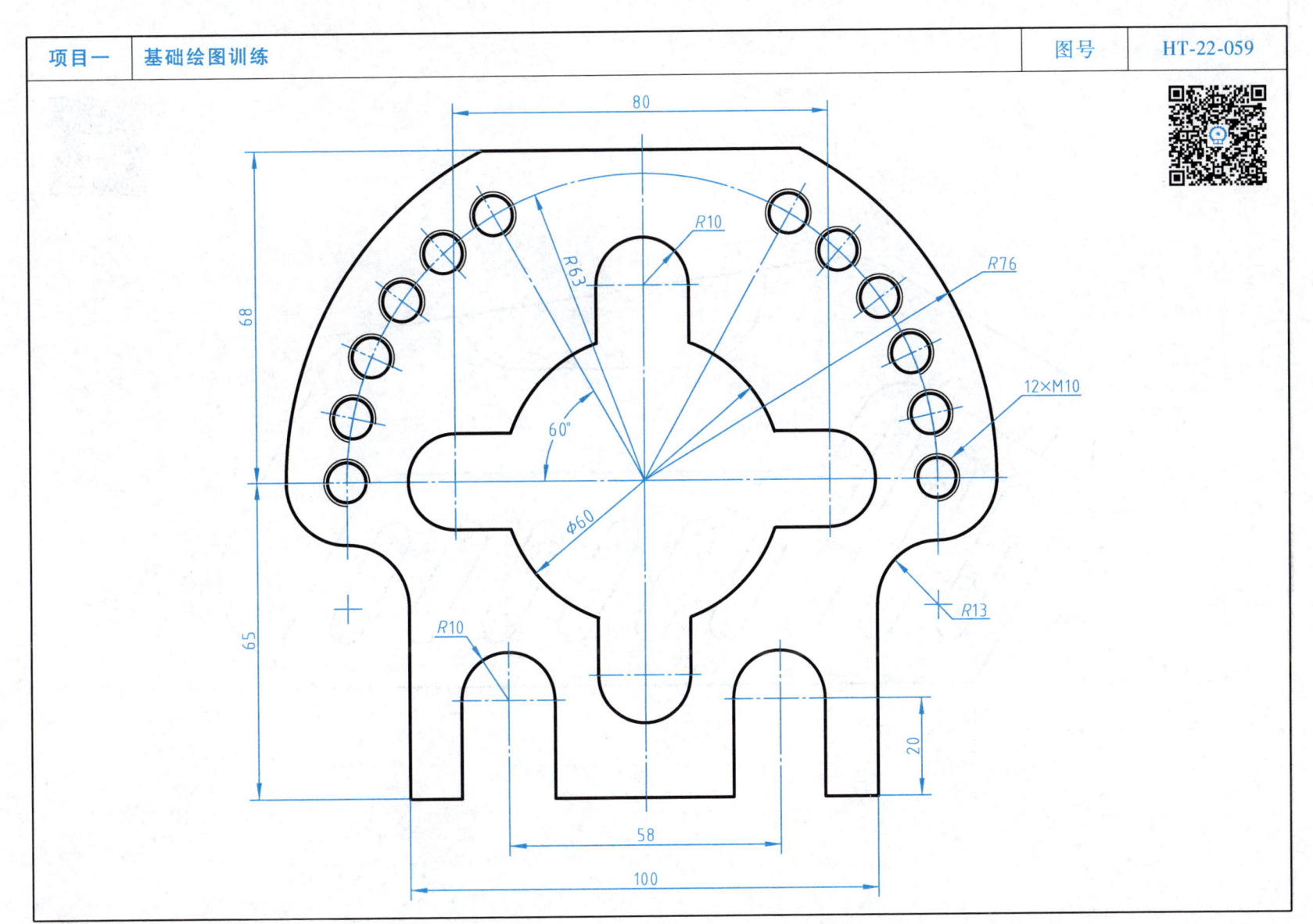

| 项目一 | 基础绘图训练 | 图号 | HT-22-060 |

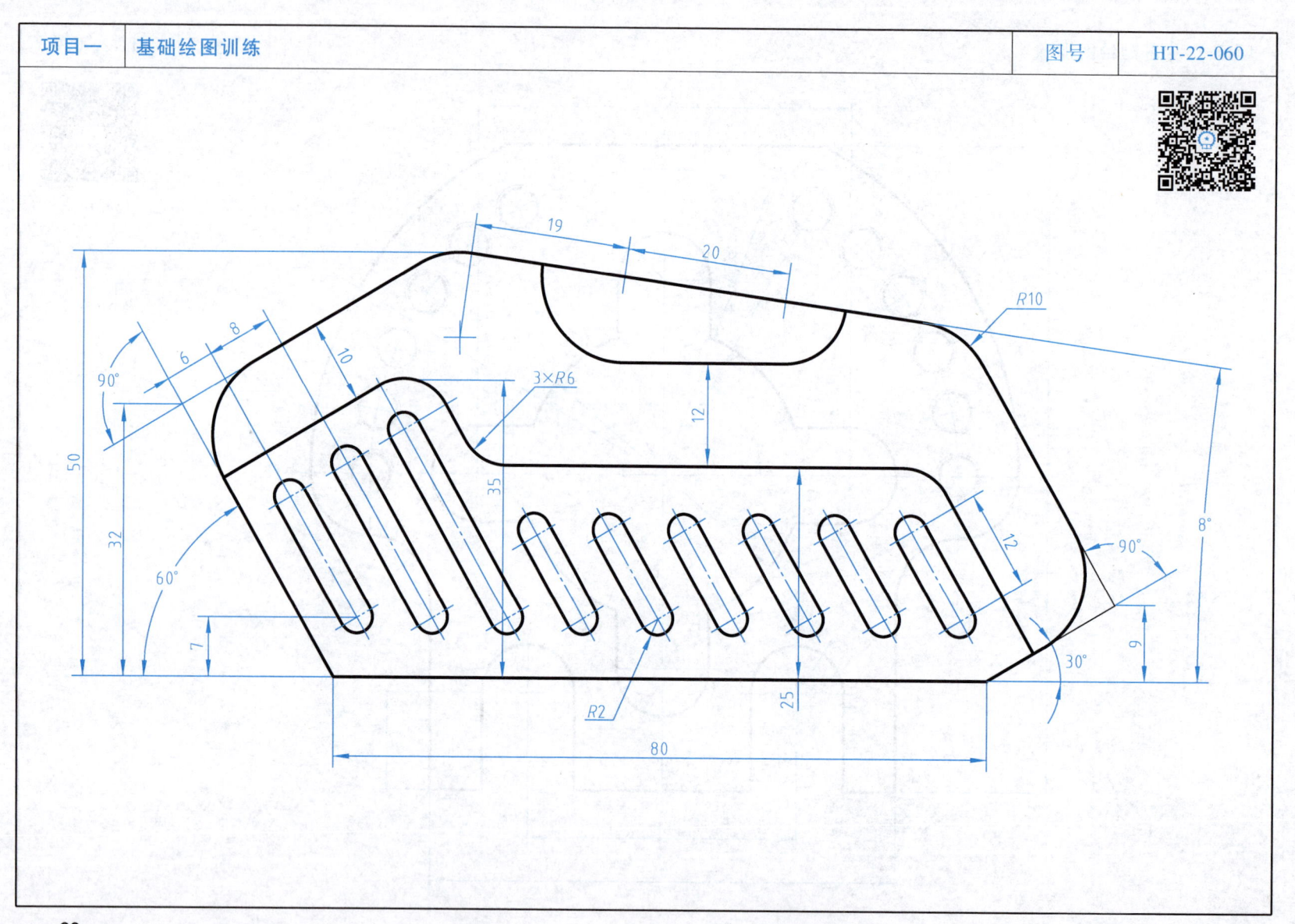

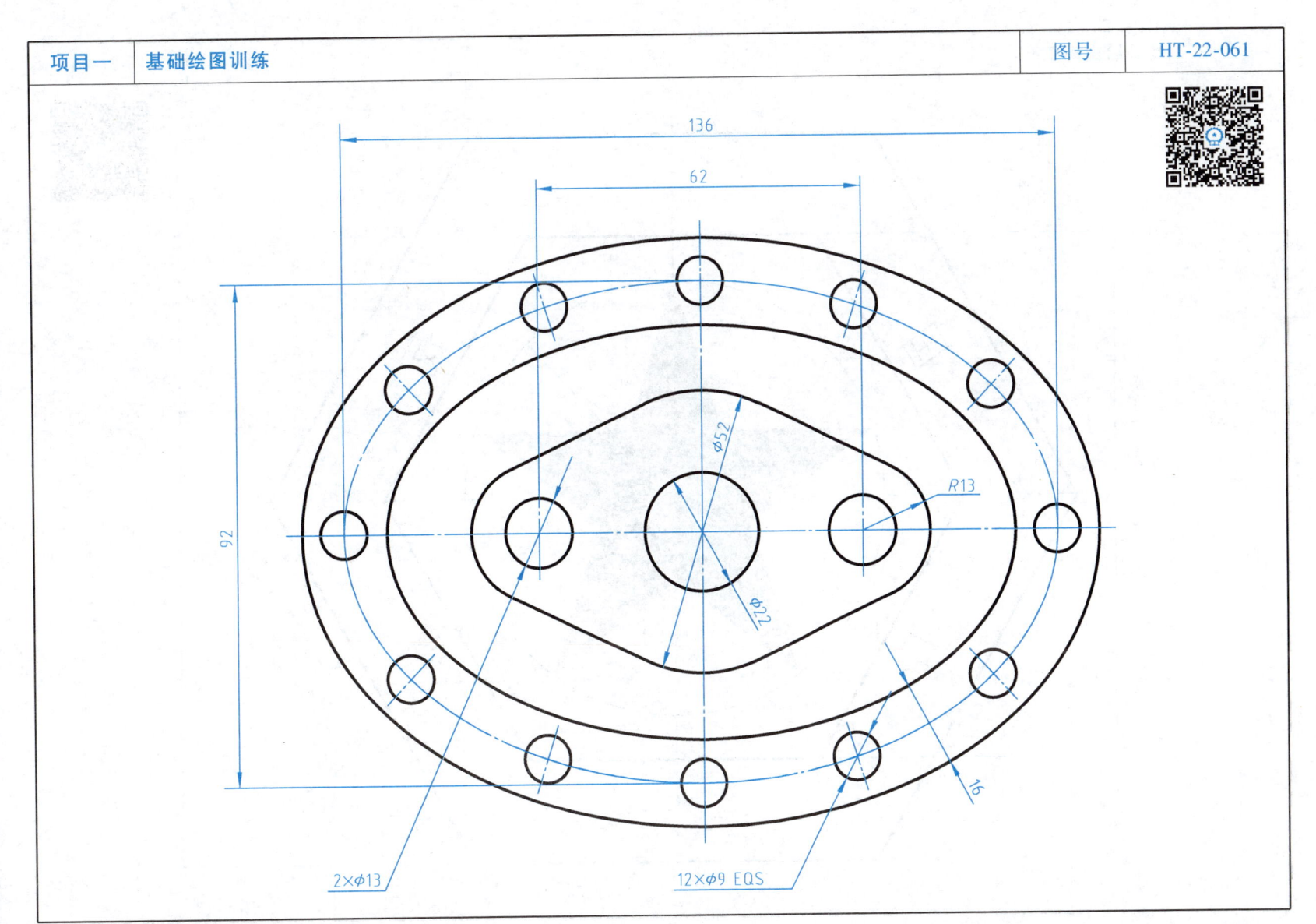

项目一	基础绘图训练		图号	HT-22-061

| 项目一 | 基础绘图训练 | | 图号 | HT-22-062 |

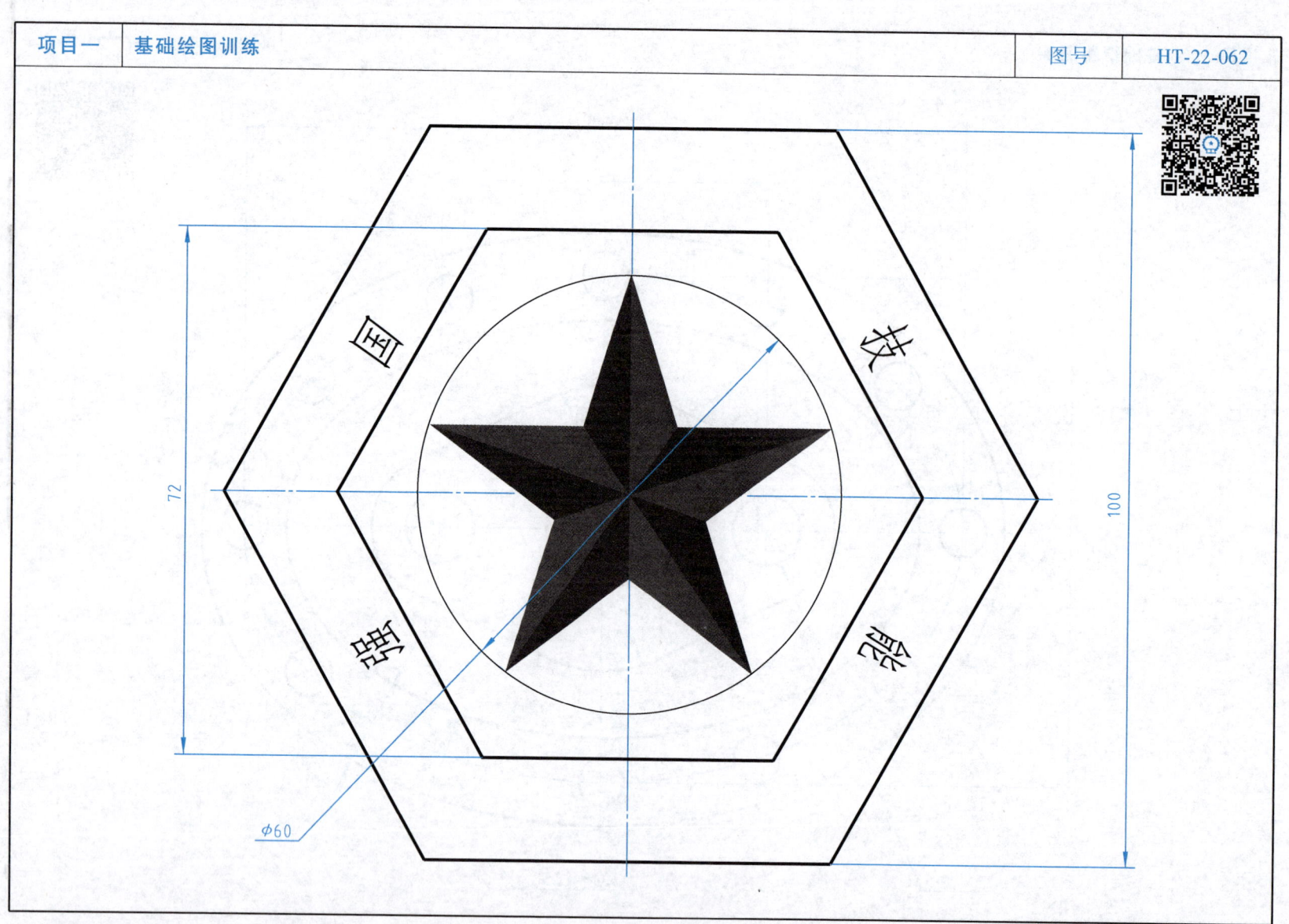

| 项目一 | 基础绘图训练 | | 图号 | HT-22-063 |

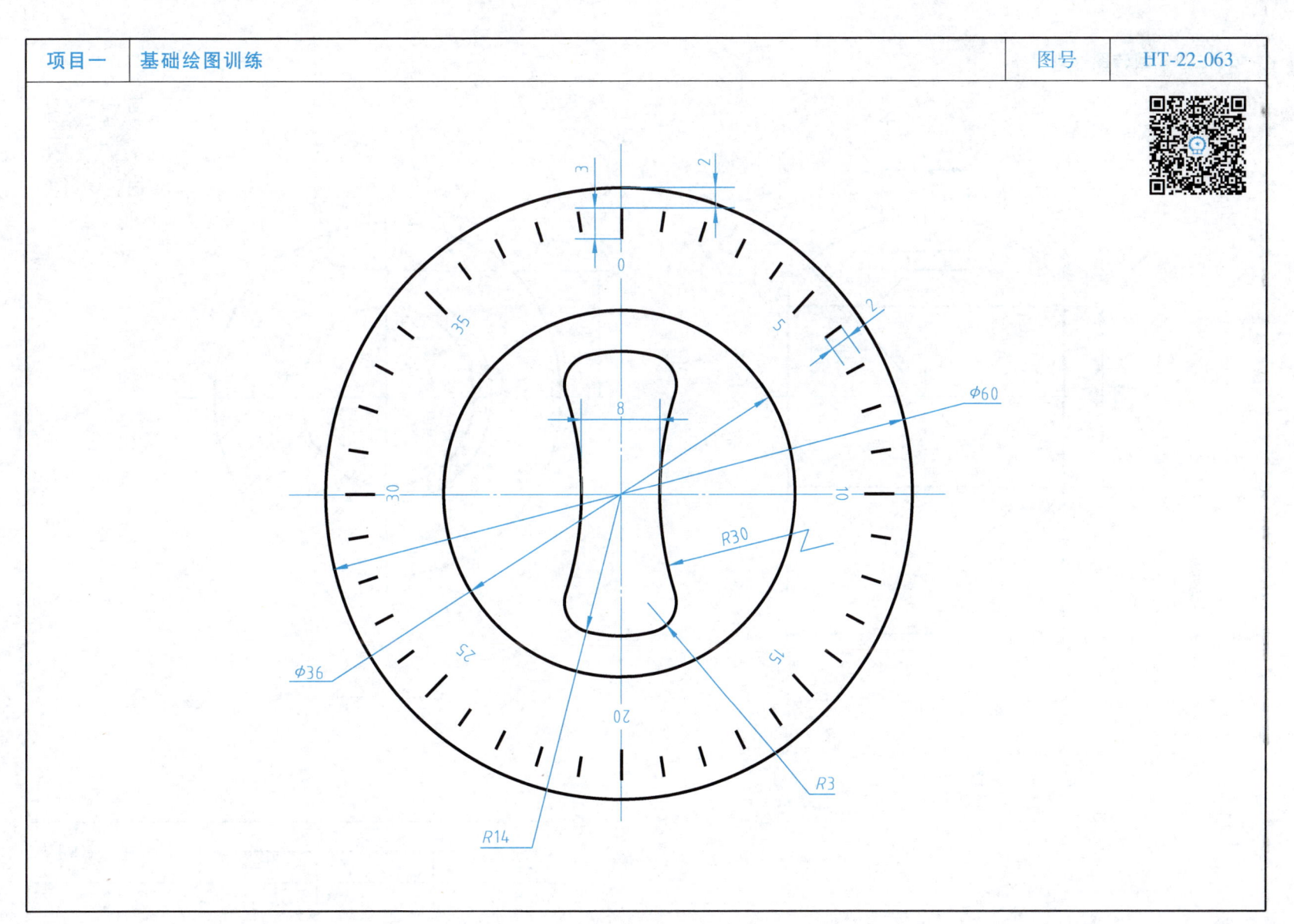

| 项目二 | 回转图形训练 | | 图号 | HT-22-064 |

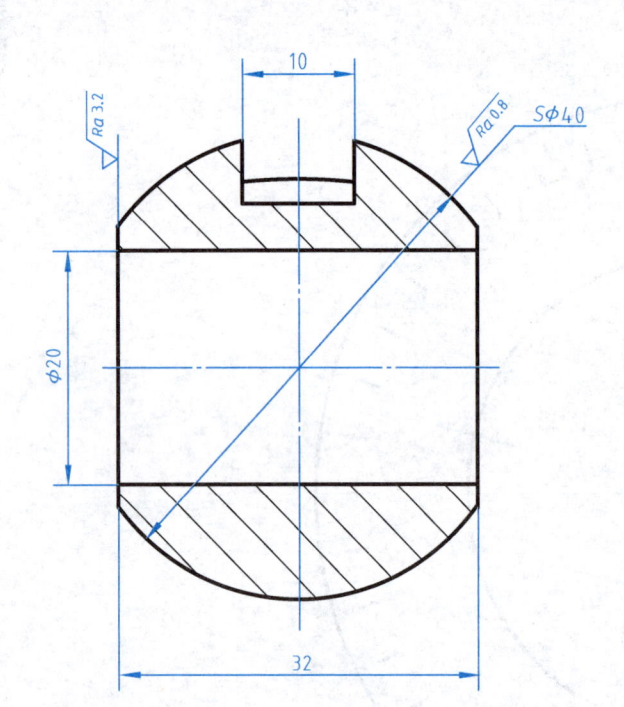

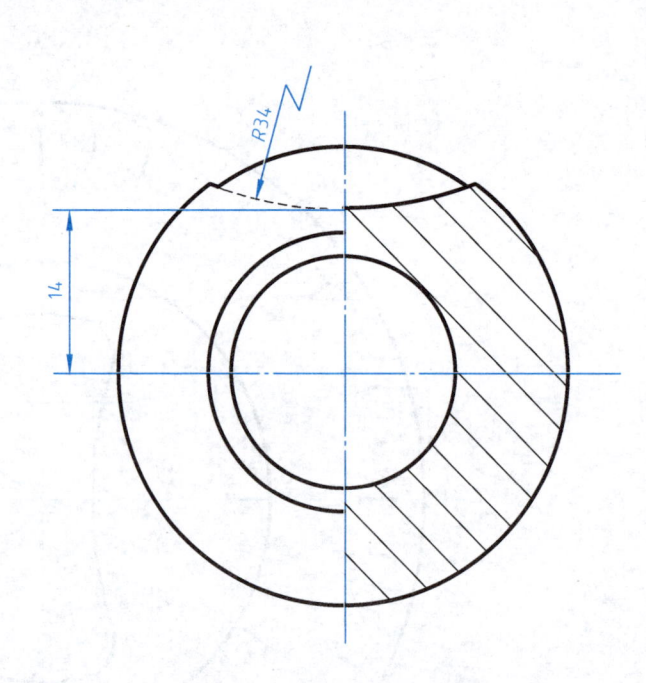

技术要求
1. 去除毛刺飞边。
2. 经调质处理，硬度为28～32HRC。
3. 未注线性尺寸公差应符合GB/T 1804—m的要求。

$\sqrt{Ra\,6.3}\,(\sqrt{\ })$

		阀芯		
制图		图号	HT-22-064	
审核		材料	40Cr	CAD集训中心

| 项目二 | 回转图形训练 | | 图号 | HT-22-065 |

技术要求
1. 去除毛刺飞边。
2. 未注线性尺寸公差应符合 GB/T 1804—m 的要求。

$Ra\ 6.3$

	阀杆		
制图		图号	HT-22-065
审核		材料	45

CAD集训中心

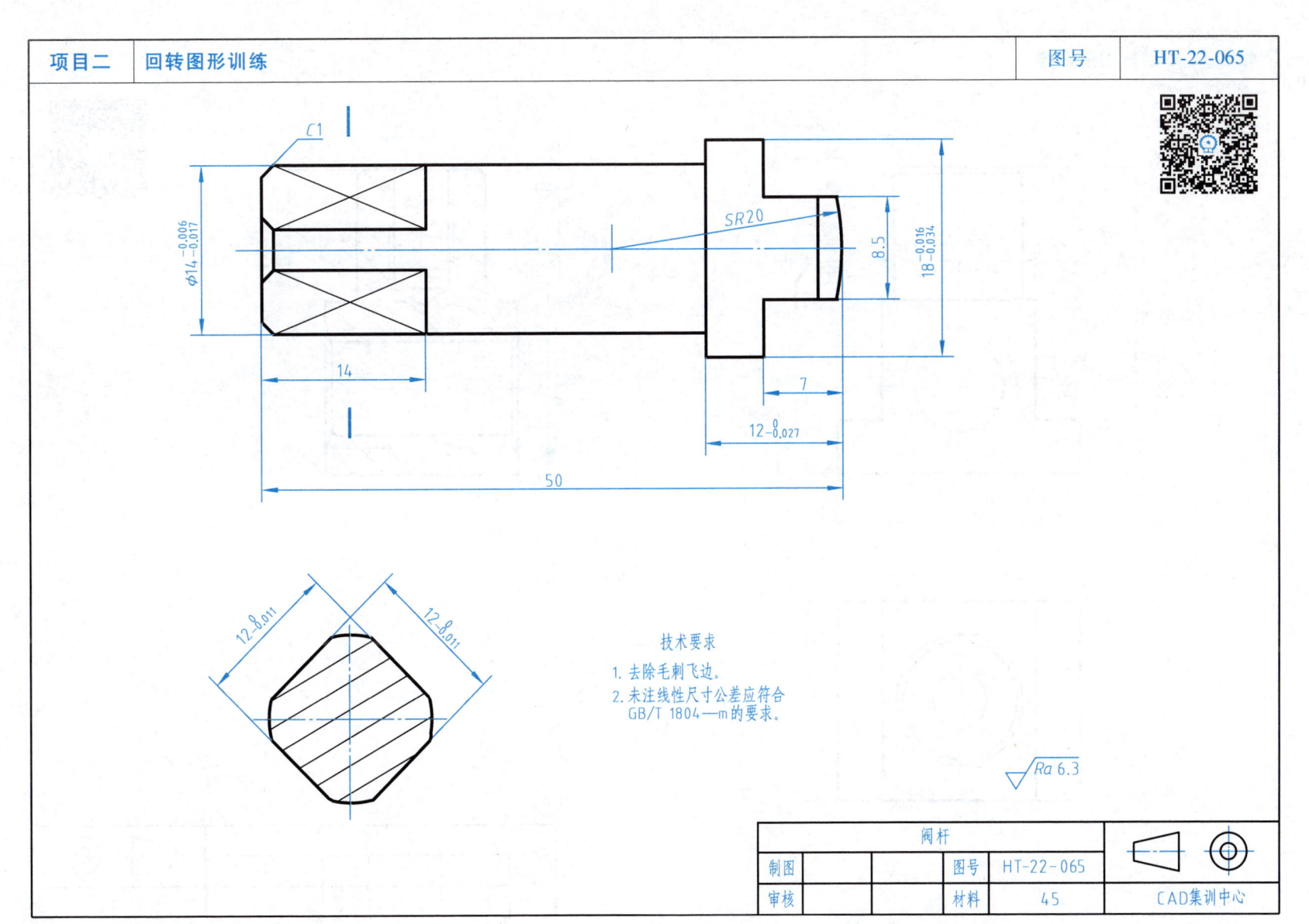

| 项目二 | 回转图形训练 | | 图号 | HT-22-066 |

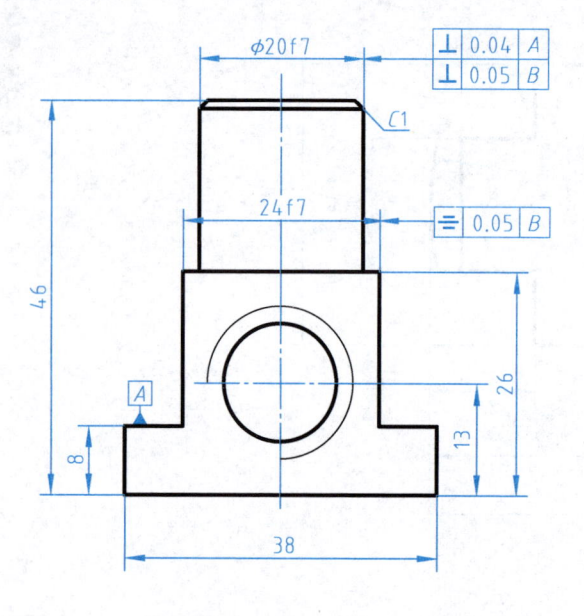

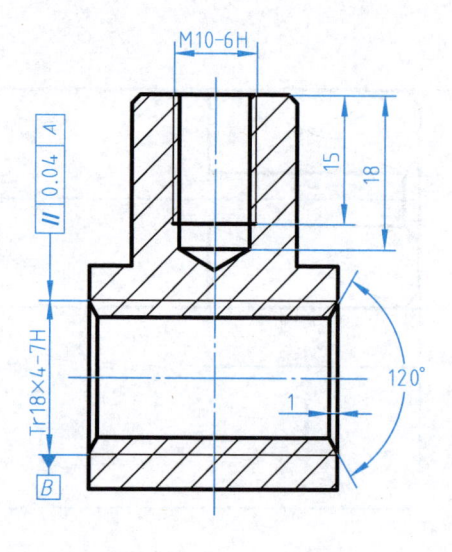

技术要求
1. 去除毛刺飞边。
2. 未注线性尺寸公差应符合GB/T 1804—m的要求。

$\sqrt{Ra\ 6.3}$

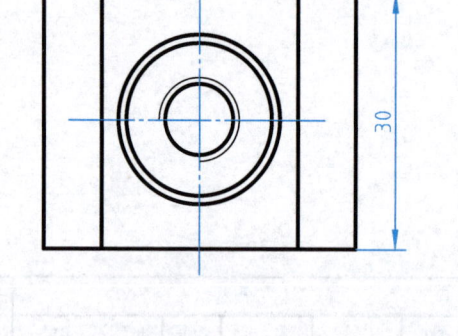

虎钳螺母				
制图		图号	HT-22-066	
审核		材料	ZG230	CAD集训中心

| 项目二 | 回转图形训练 | | 图号 | HT-22-067 |

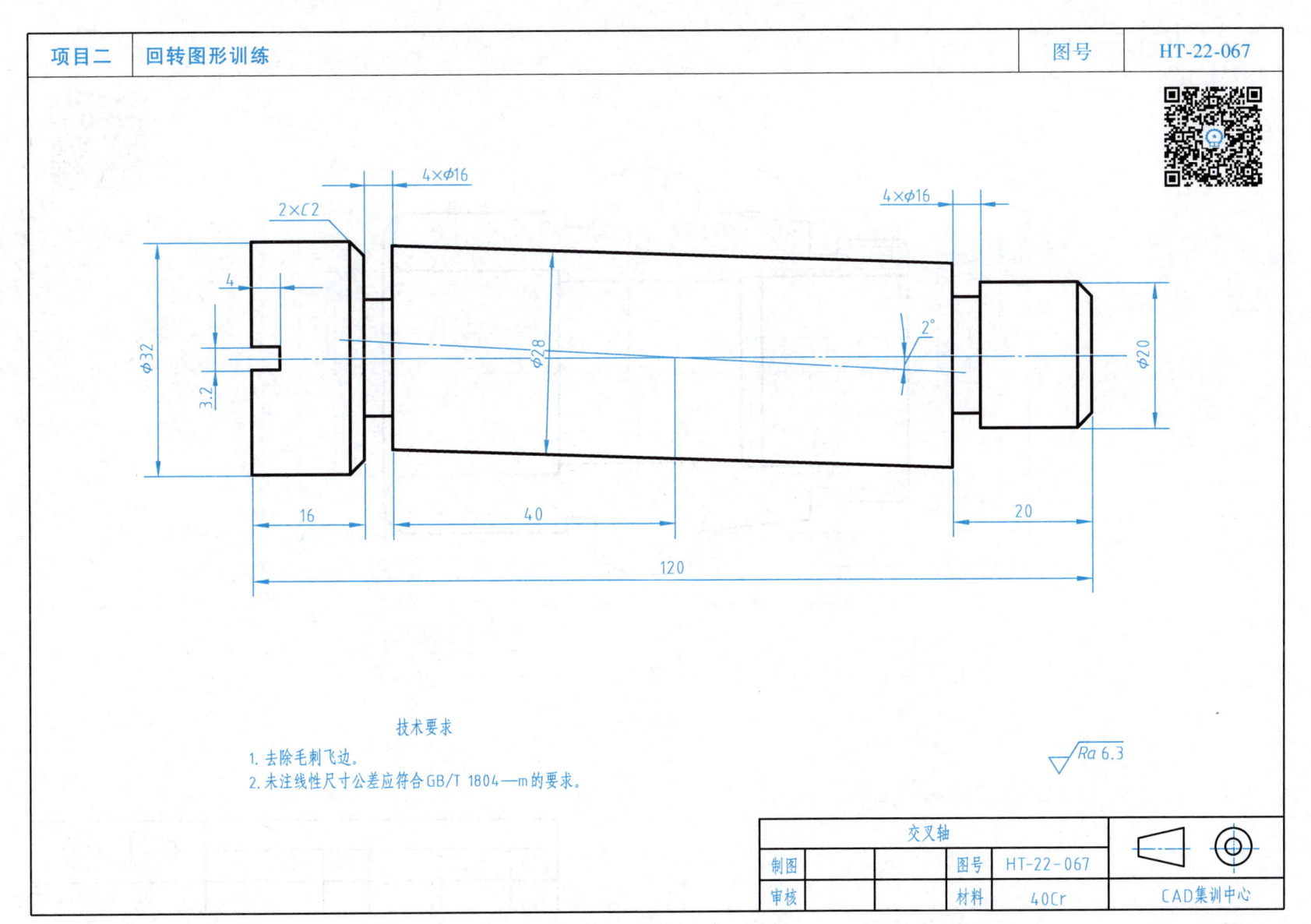

技术要求
1. 去除毛刺飞边。
2. 未注线性尺寸公差应符合GB/T 1804—m的要求。

$\sqrt{Ra\ 6.3}$

交叉轴				
制图			图号	HT-22-067
审核			材料	40Cr

CAD集训中心

· 67 ·

| 项目二 | 回转图形训练 | | 图号 | HT-22-068 |

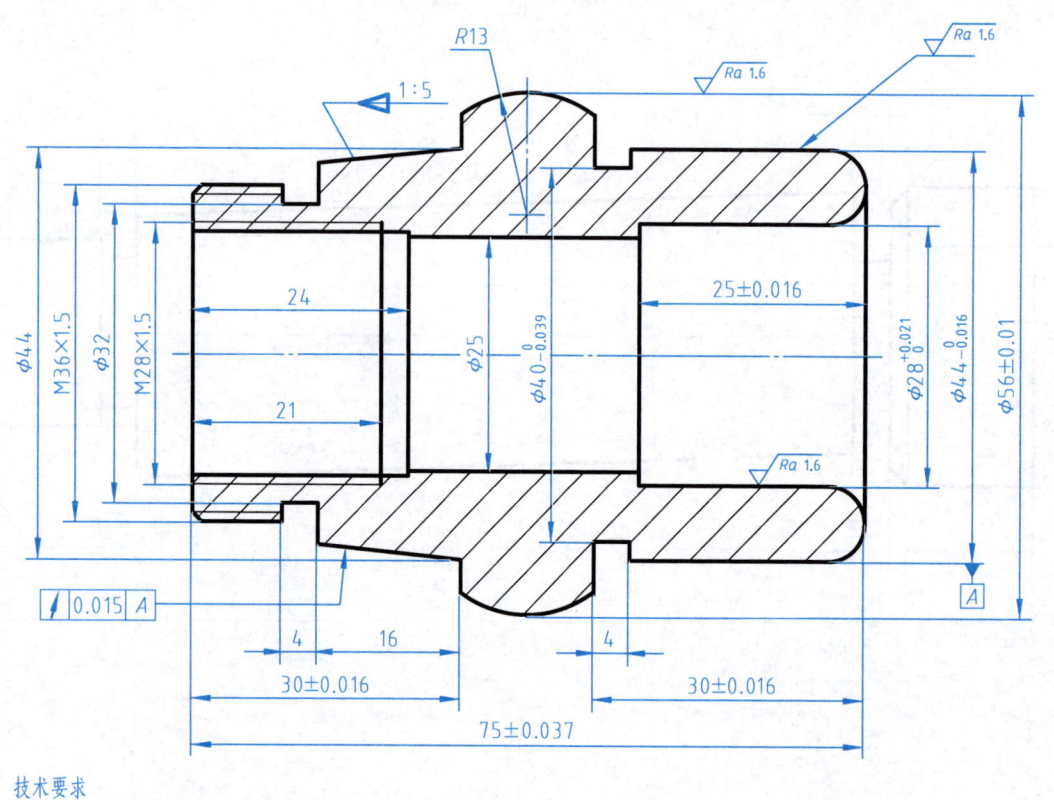

技术要求
1. 去除毛刺飞边。
2. 未注倒角 C1。
3. 未注线性尺寸公差应符合 GB/T 1804—m 的要求。

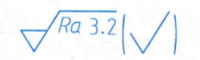

		赛件一		
制图		图号	HT-22-068	
审核		材料	2A12	CAD集训中心

| 项目二 | 回转图形训练 | | 图号 | HT-22-069 |

技术要求
1. 经调质处理，硬度为28～32HRC。
2. 锻件不允许存在内部裂纹。
3. 槽结构表面粗糙度Ra值为3.2μm。

偏心锥轴				
制图			图号	HT-22-069
审核			材料	40Cr

CAD集训中心

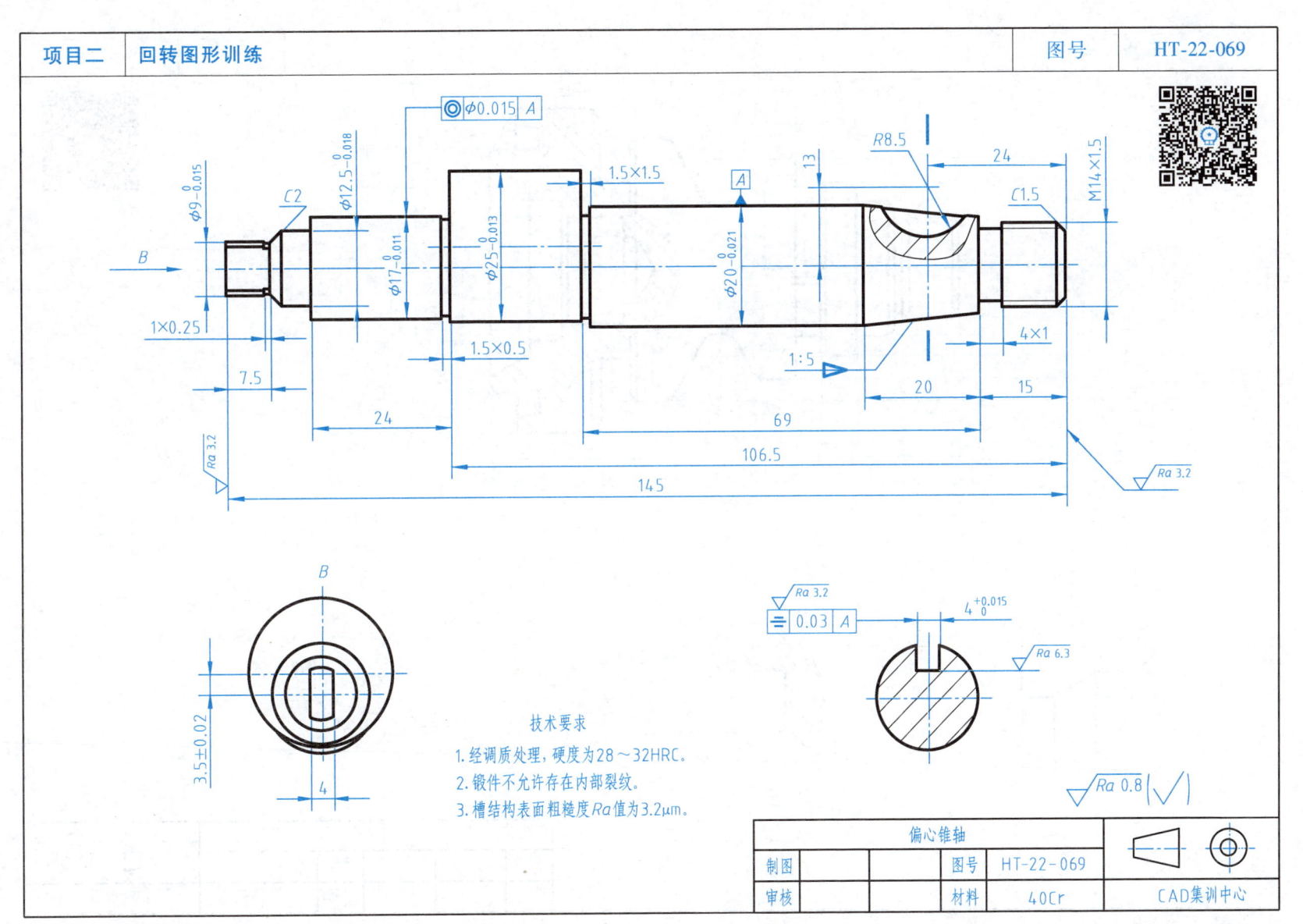

项目二　回转图形训练　　　　　　　　　　　　　　图号　HT-22-070

技术要求
1. 锐边倒钝。
2. 未注倒角C1。
3. 未注尺寸偏差为±0.1。

赛件二
| 制图 | | | 图号 | HT-22-070 |
| 审核 | | | 材料 | 2A12 |

CAD集训中心

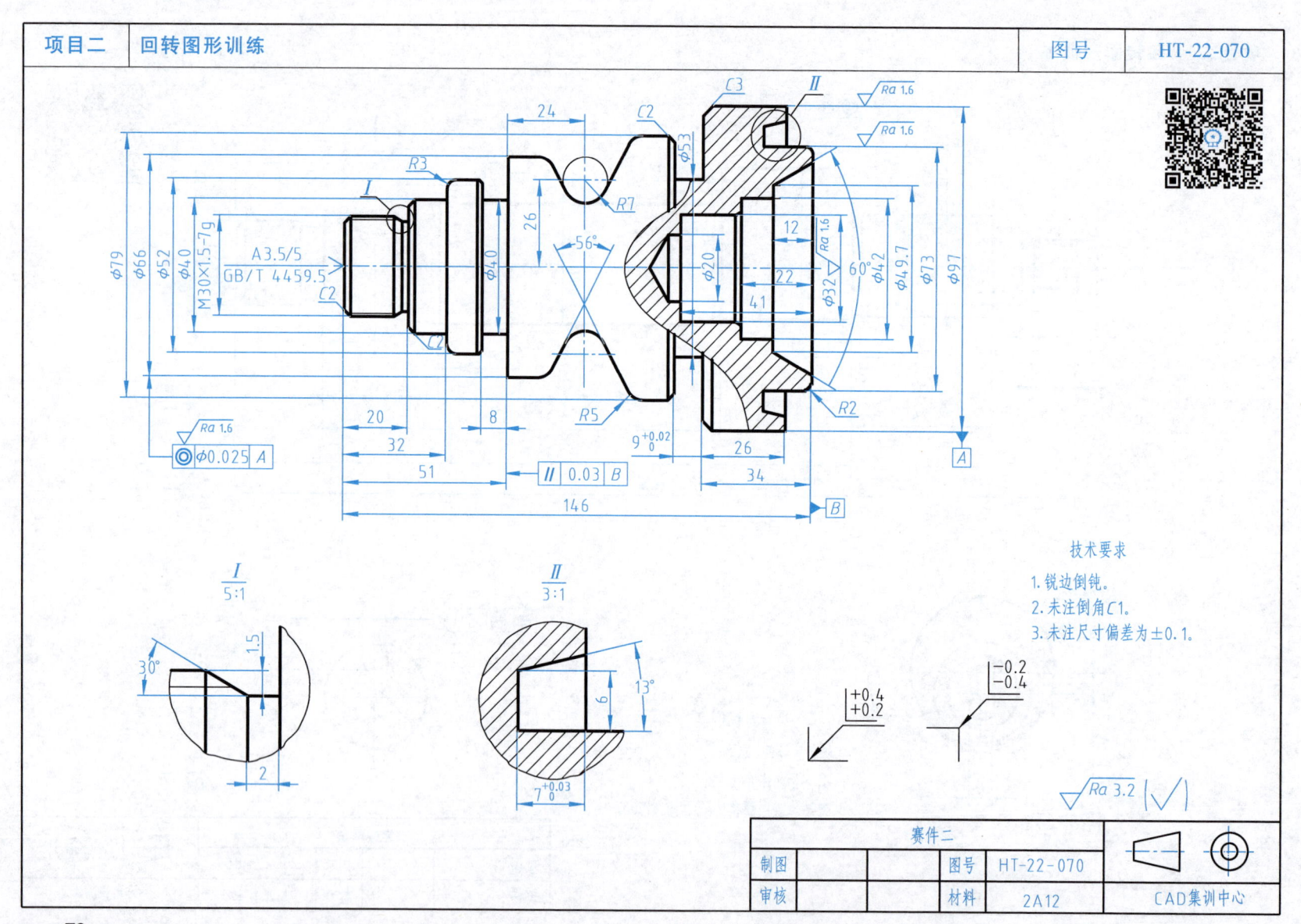

| 项目二 | 回转图形训练 | | 图号 | HT-22-071 |

技术要求
1. 去除毛刺飞边。
2. 铸造圆角 R3。
3. 铸件不许有裂纹、气孔和夹砂等缺陷。

		支承盖		
制图			图号	HT-22-071
审核			材料	HT300

CAD集训中心

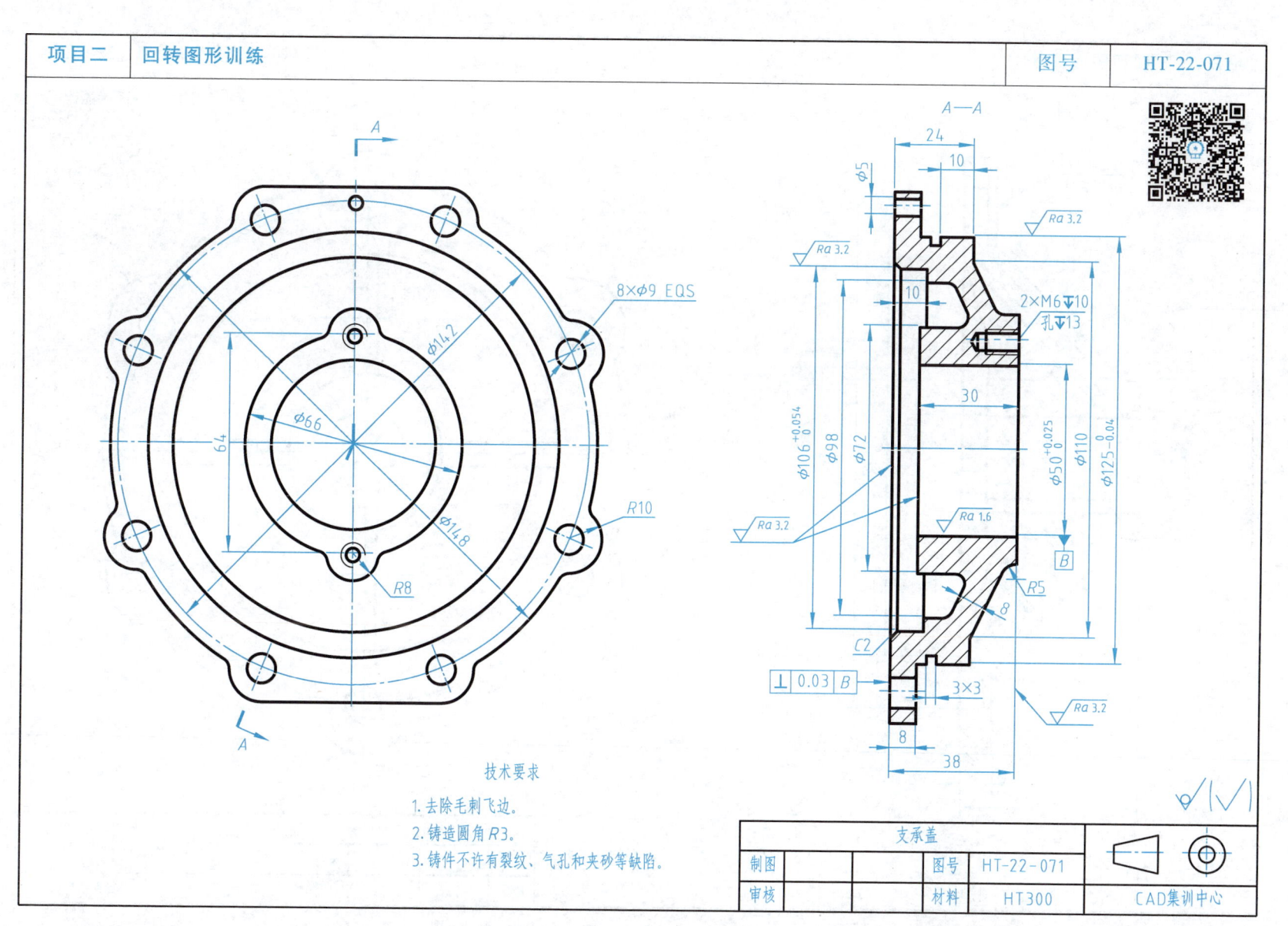

| 项目二 | 回转图形训练 | | 图号 | HT-22-072 |

技术要求
1. 去除毛刺飞边。
2. 铸造圆角 R3、R4。
3. 铸件不许有裂纹、气孔和夹砂等缺陷。

		机匣盖		
制图			图号	HT-22-072
审核			材料	HT200

CAD集训中心

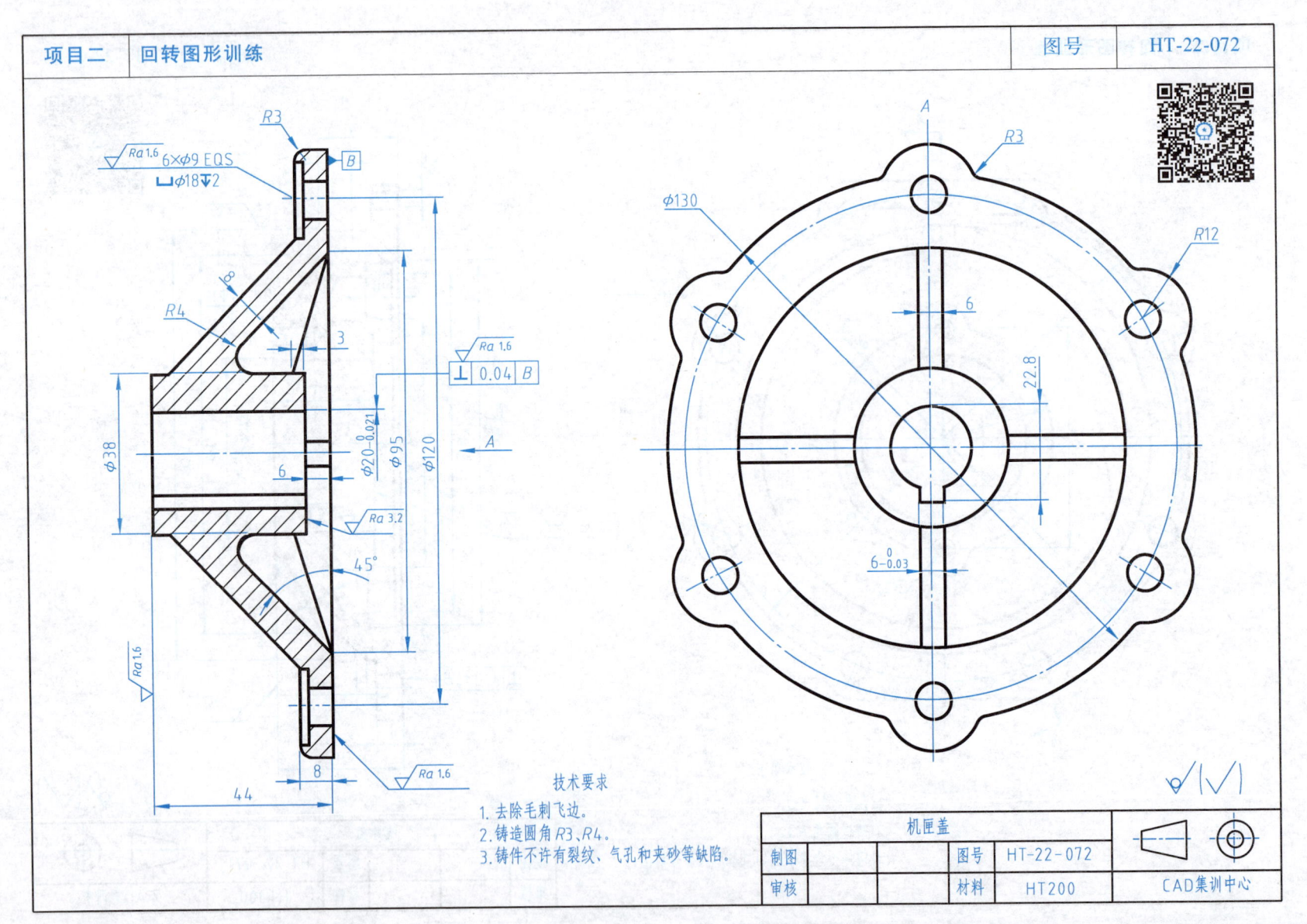

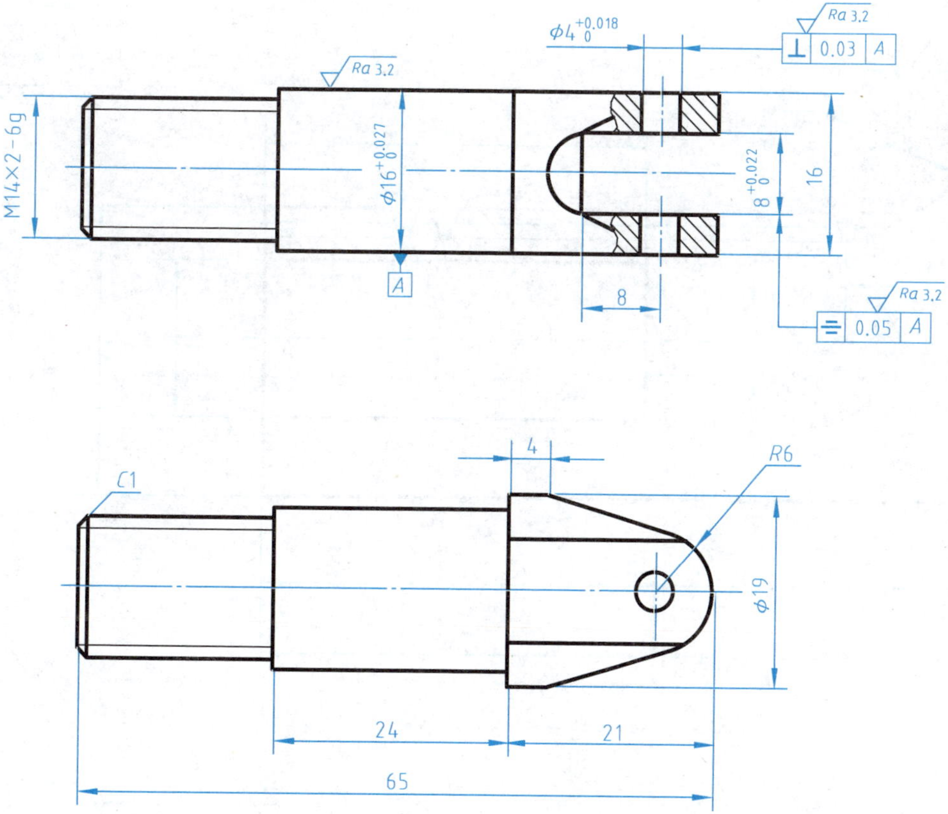

技术要求

1. 锐边倒钝。
2. 未注尺寸公差为标准公差等级IT14。

Ra 6.3 (√)

支承轴					CAD集训中心
制图			图号	HT-22-073	
审核			材料	45	

| 项目三 | 齿形零件绘图训练 | | 图号 | HT-22-074 |

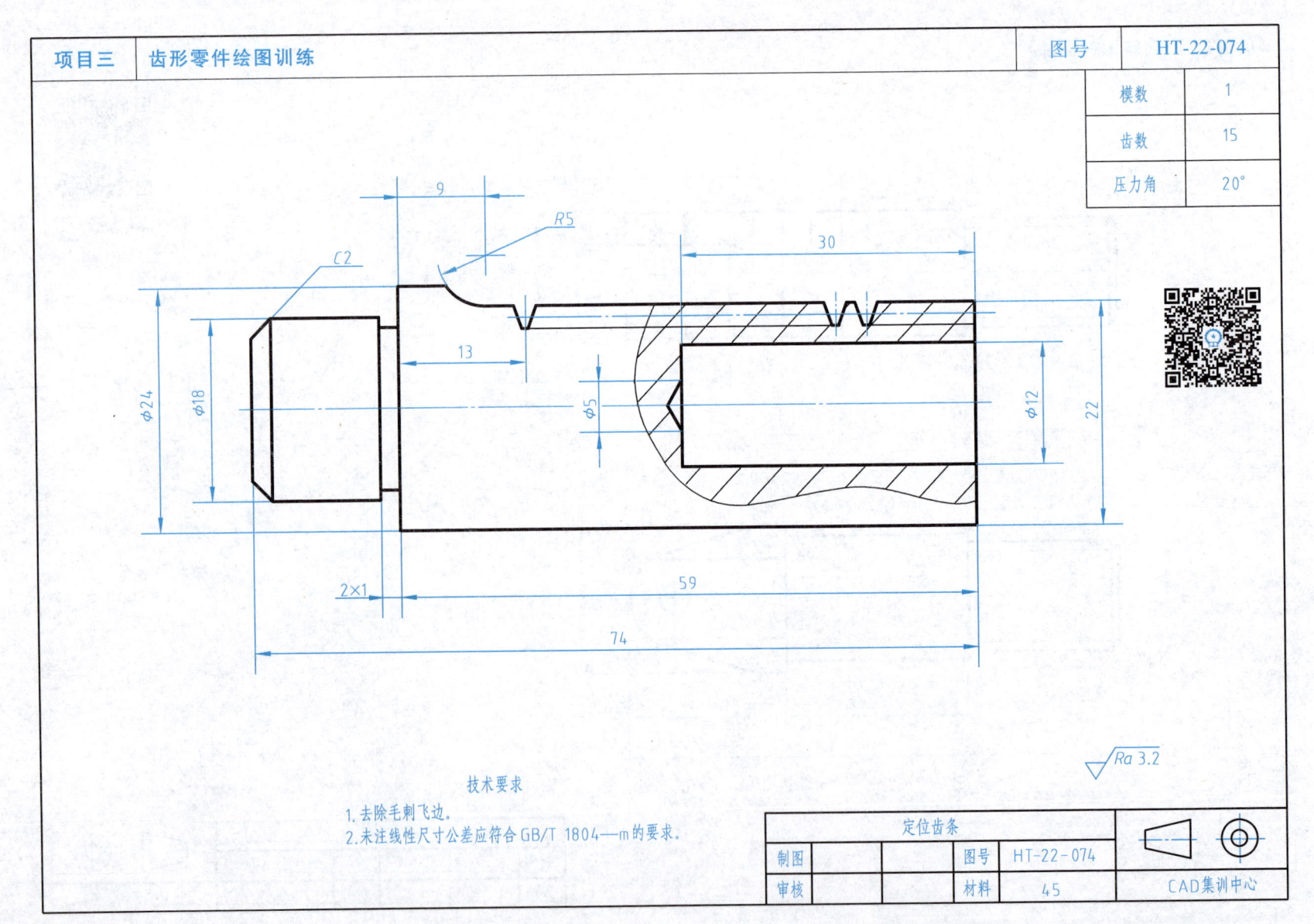

模数	1
齿数	15
压力角	20°

技术要求
1. 去除毛刺飞边。
2. 未注线性尺寸公差应符合 GB/T 1804—m 的要求。

$\sqrt{Ra\ 3.2}$

定位齿条

制图			图号	HT-22-074	
审核			材料	45	CAD集训中心

| 项目三 | 齿形零件绘图训练 | | 图号 | HT-22-075 |

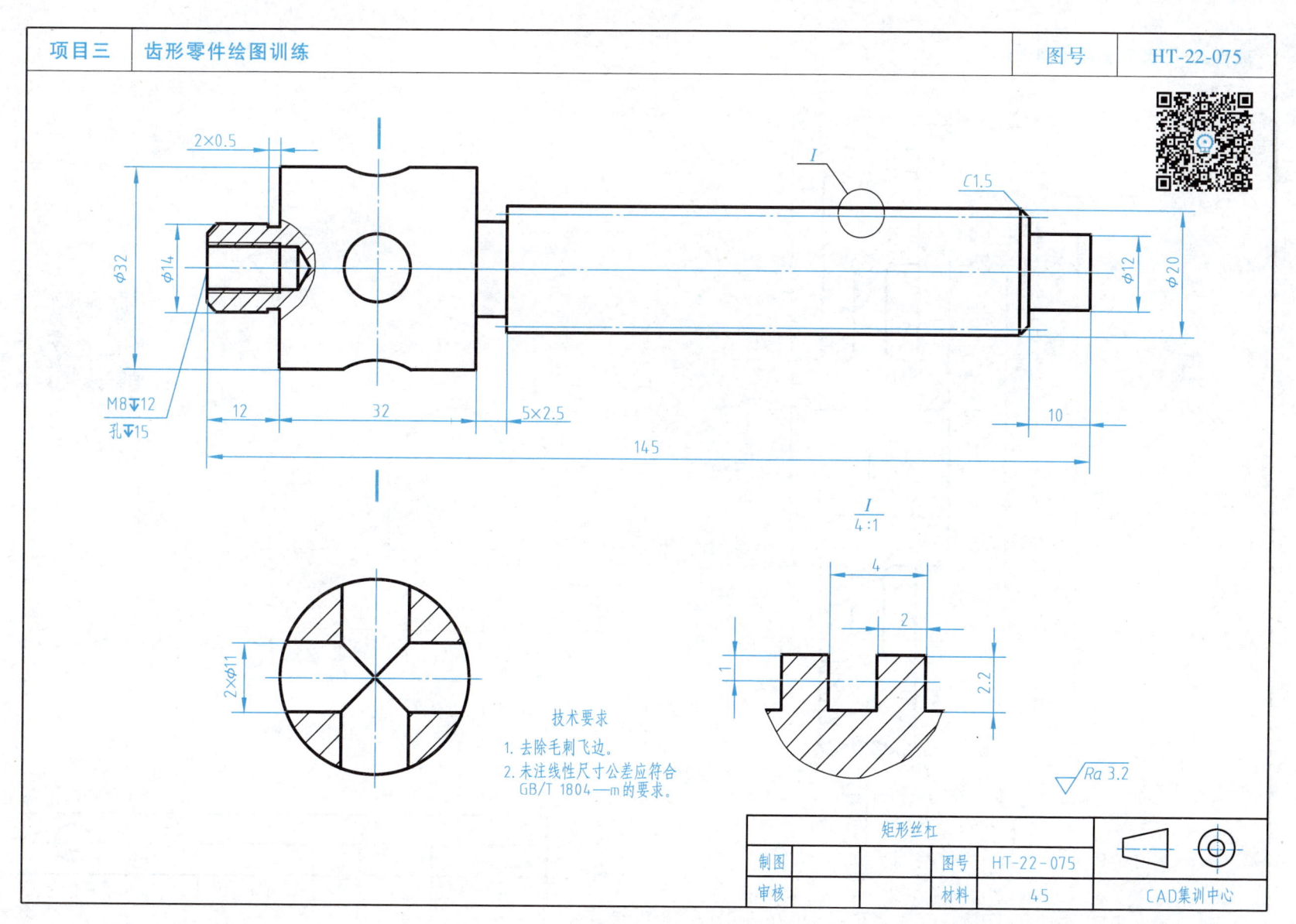

技术要求
1. 去除毛刺飞边。
2. 未注线性尺寸公差应符合 GB/T 1804—m 的要求。

	矩形丝杠		
制图		图号	HT-22-075
审核		材料	45

CAD集训中心

项目三	齿形零件绘图训练		图号	HT-22-076

模数	4
齿数	42
压力角	20°

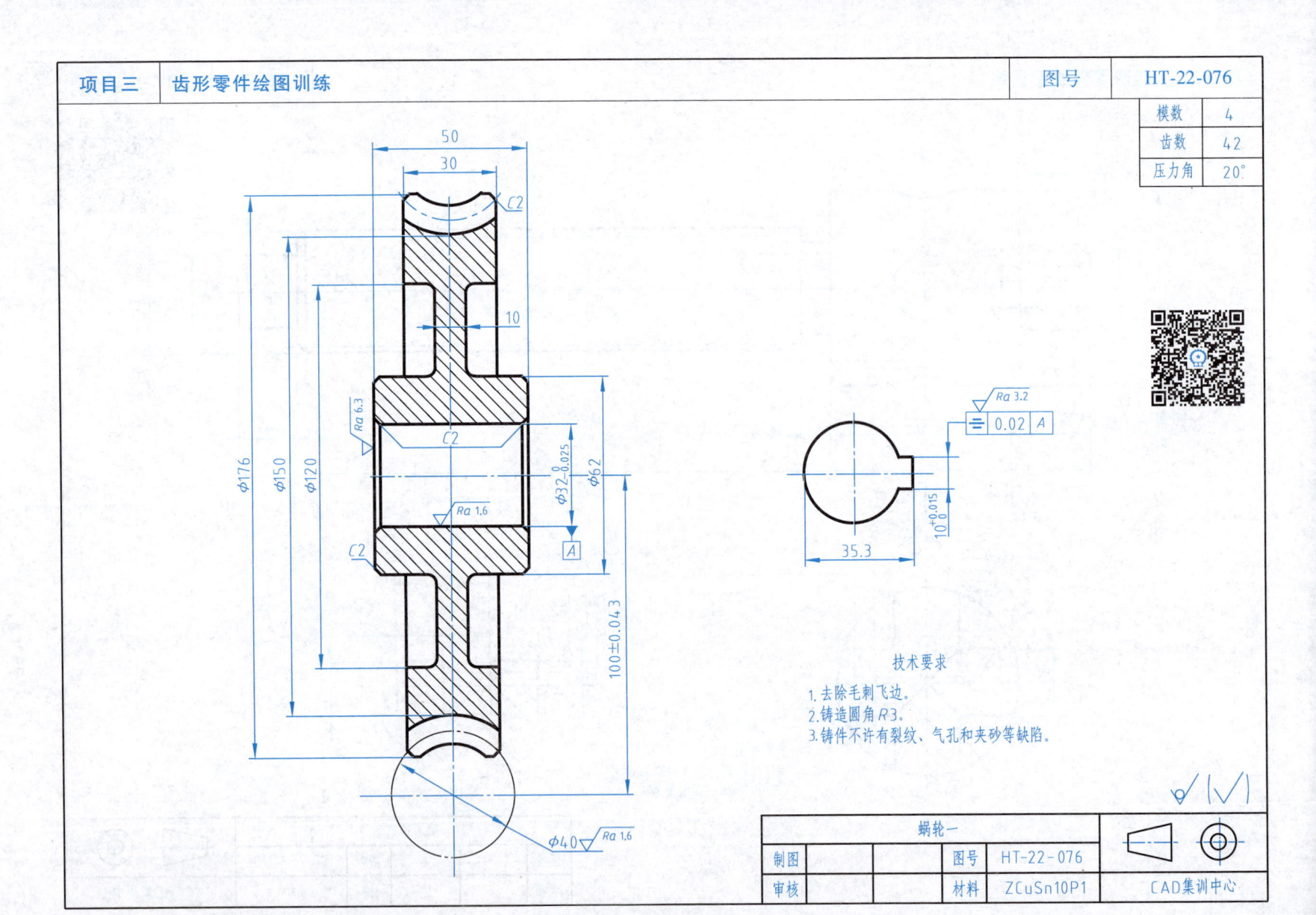

技术要求
1. 去除毛刺飞边。
2. 铸造圆角 R3。
3. 铸件不许有裂纹、气孔和夹砂等缺陷。

	蜗轮一		
制图		图号	HT-22-076
审核		材料	ZCuSn10P1

CAD集训中心

项目三	齿形零件绘图训练		图号	HT-22-077

模数	2
齿数	25
分度圆直径	50

技术要求

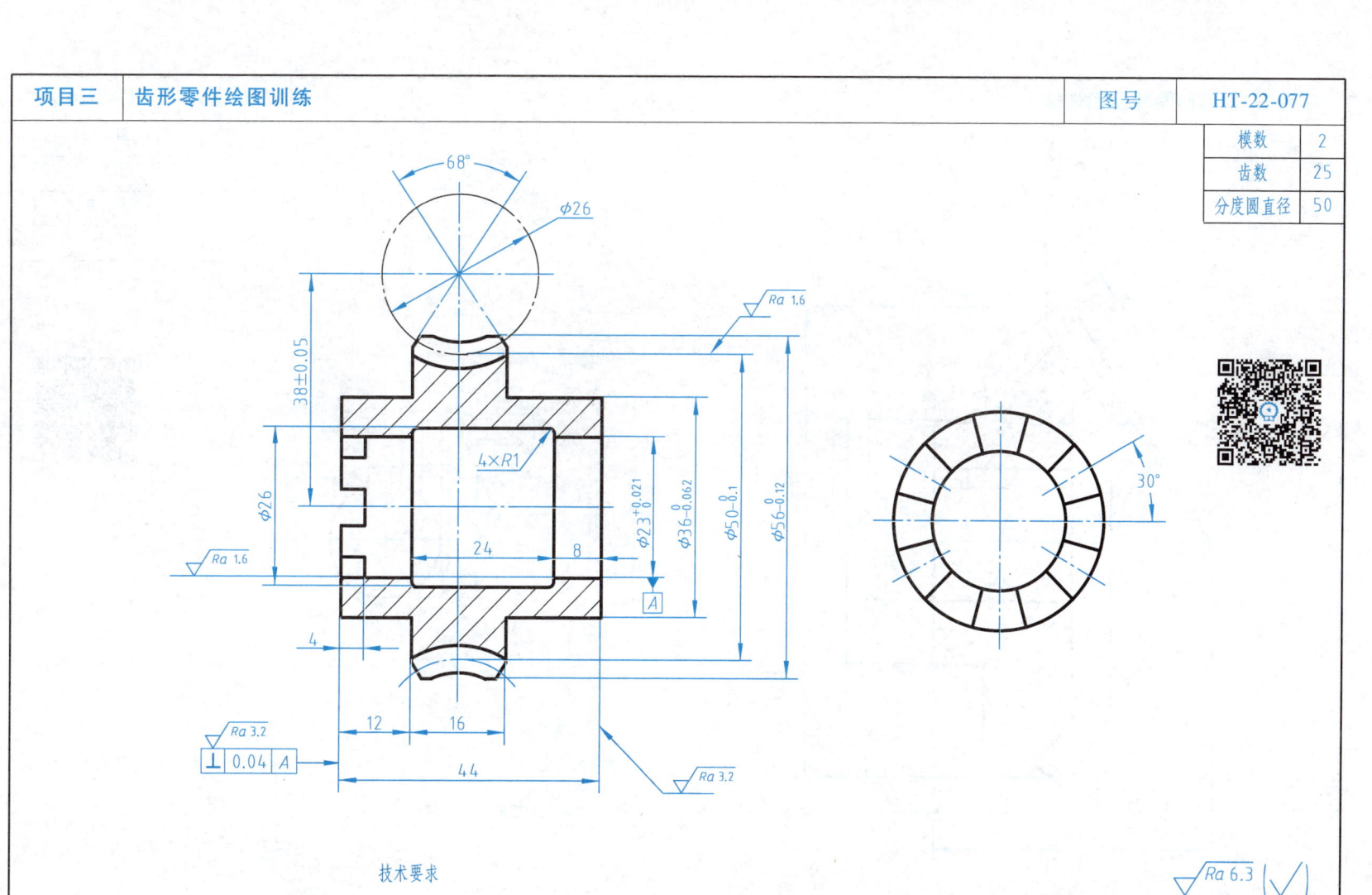

1. 去除毛刺飞边。
2. 未注线性尺寸公差应符合 GB/T 1804—m 的要求。

	蜗轮二		
制图		图号	HT-22-077
审核		材料	H65

CAD集训中心

· 77 ·

项目三	齿形零件绘图训练		图号	HT-22-078

模数	3
齿数	27
配对齿数	19
齿形角	20°

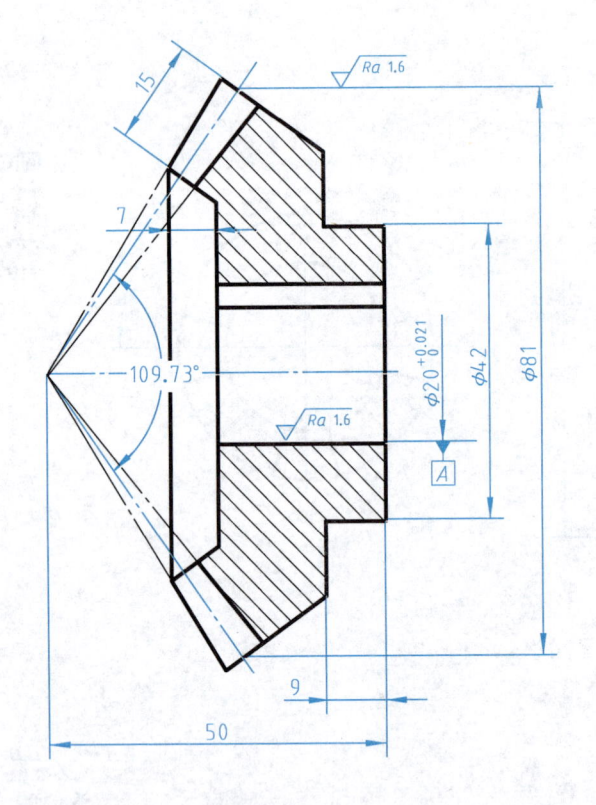

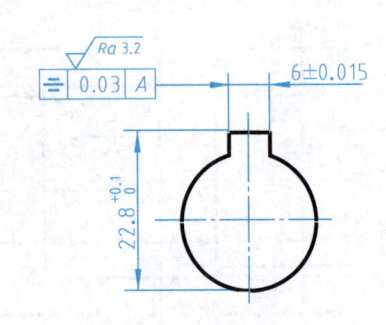

技术要求
1. 去除毛刺飞边。
2. 未注线性尺寸公差应符合 GB/T 1804—m 的要求。

锥齿轮				
制图		图号	HT-22-078	
审核		材料	45	CAD集训中心

项目三	齿形零件绘图训练	图号	HT-22-079

模数	3
齿数	19
压力角	20°

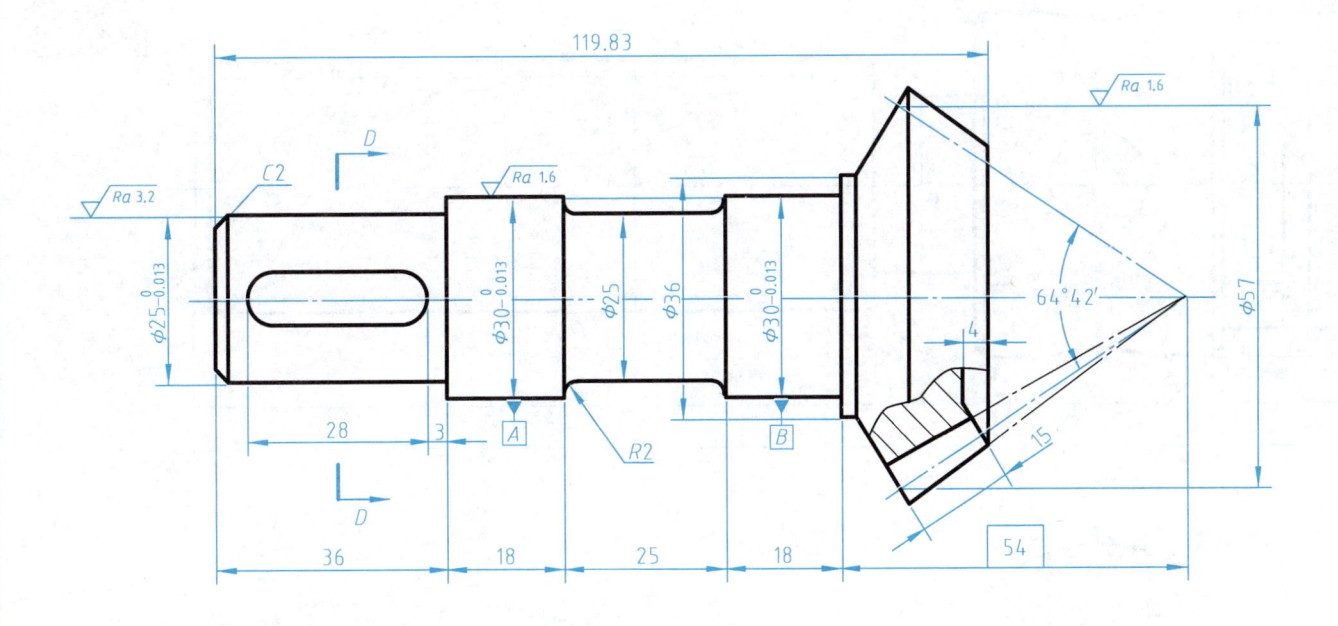

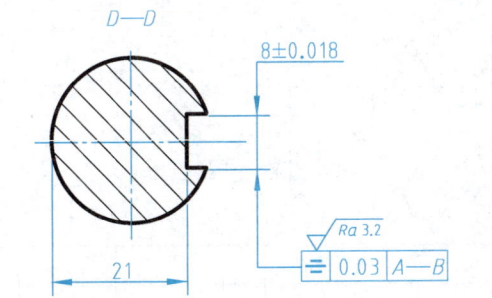

技术要求
1. 去除毛刺飞边。
2. 经调质处理，硬度为28~32HRC。
3. 未注线性尺寸公差应符合GB/T 1804—m的要求。

锥齿轮轴		
制图	图号	HT-22-079
审核	材料	40Cr

CAD集训中心

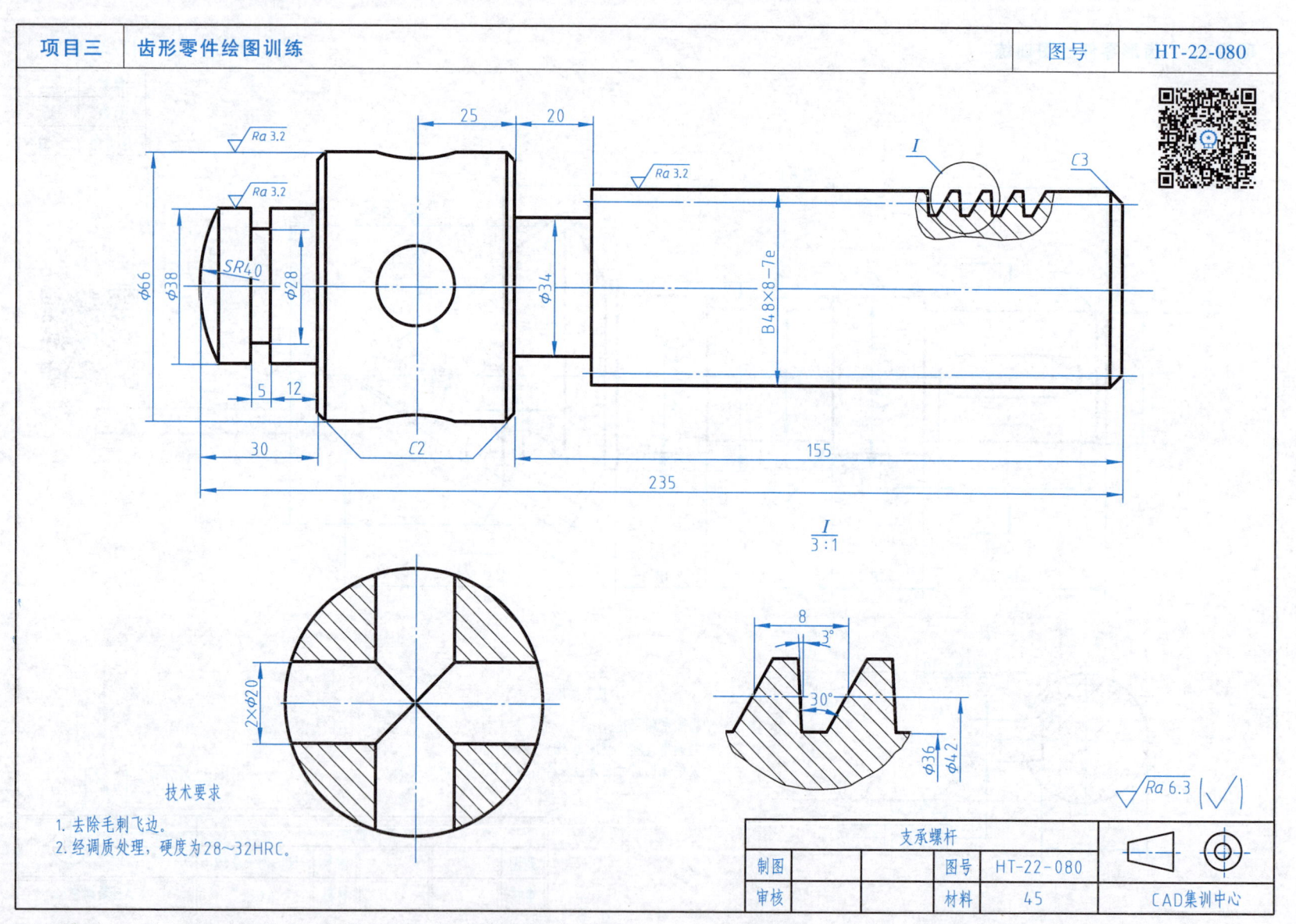

I
3:1

Ra 6.3 (√)

技术要求

1. 去除毛刺飞边。
2. 经调质处理，硬度为28~32HRC。

支承螺杆					
制图			图号	HT-22-080	
审核			材料	45	CAD集训中心

项目三　齿形零件绘图训练　　　图号　HT-22-081

技术要求
1. 去除毛刺飞边。
2. 未注加工圆角R1。
3. 锻件硬度255~300HBW。
4. 花键表面进行渗碳处理。

花键轴　图号 HT-22-081　材料 40Cr　CAD集训中心

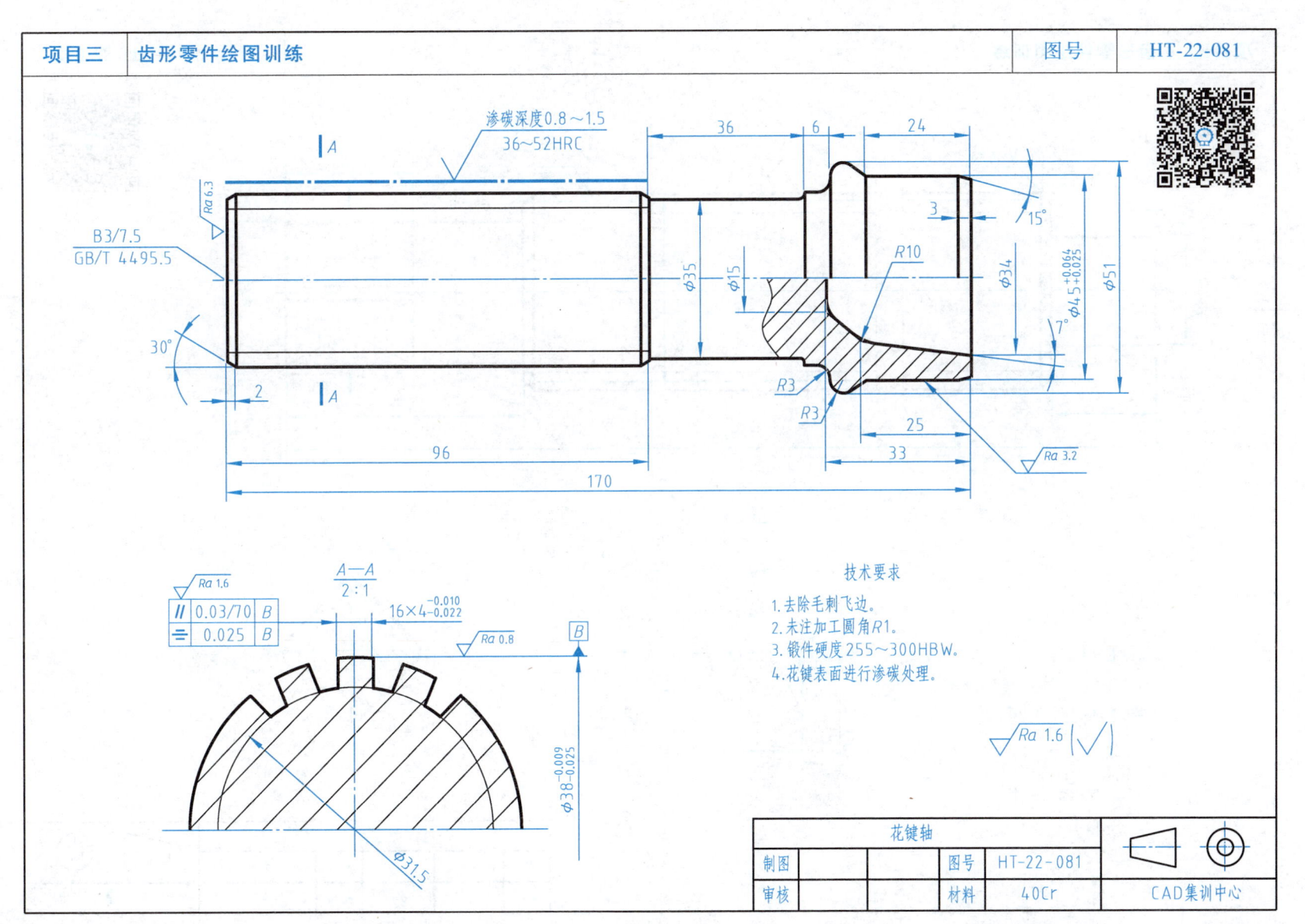

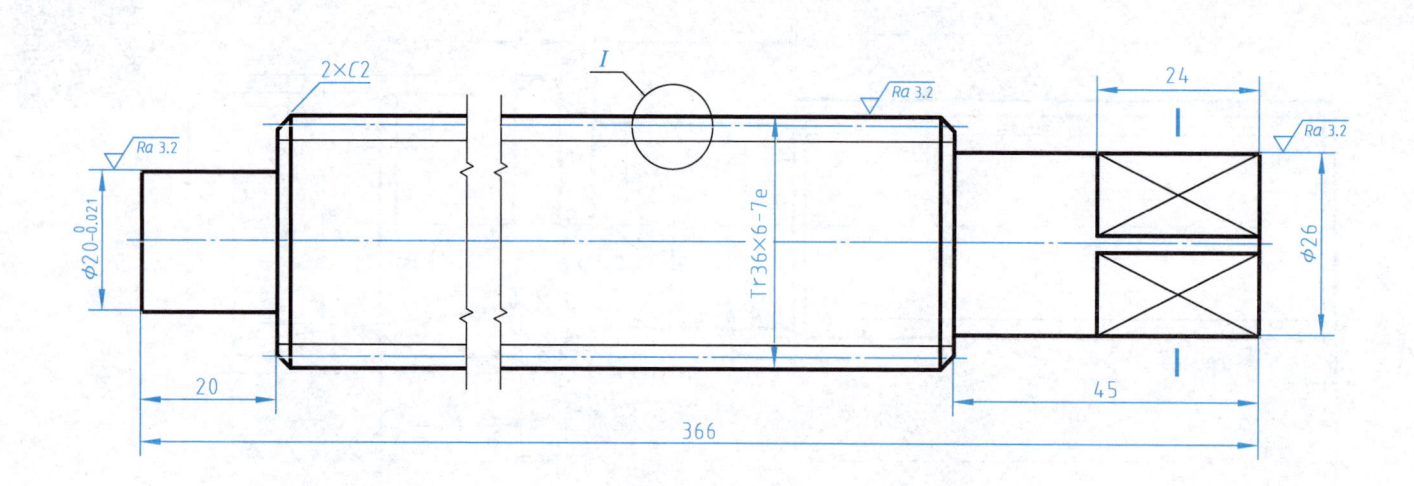

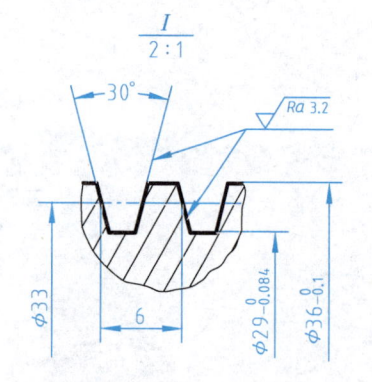

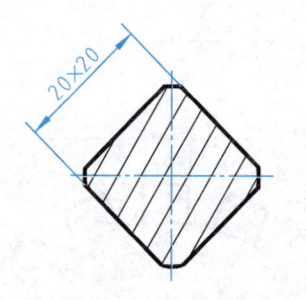

| 项目三 | 齿形零件绘图训练 | | 图号 | HT-22-082 |

技术要求
1. 去除毛刺飞边。
2. 经调质处理，硬度为28~32HRC。
3. 零件表面进行发黑处理。

		丝杠		
制图		图号	HT-22-082	
审核		材料	35	CAD集训中心

项目三	齿形零件绘图训练	图号	HT-22-083

模数	3
齿数	26
压力角	20°

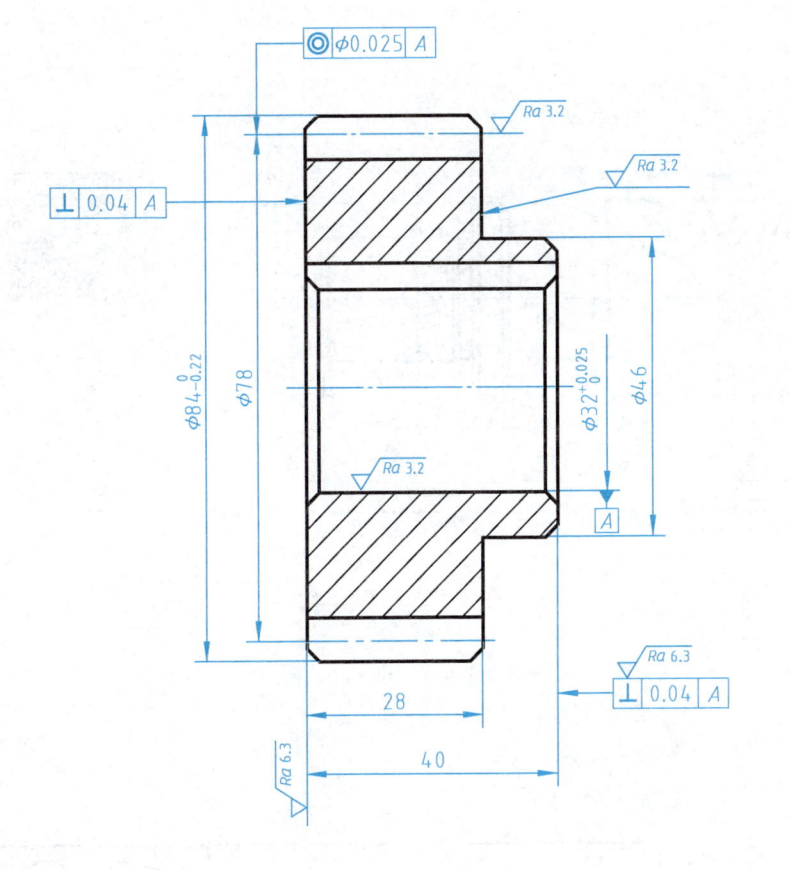

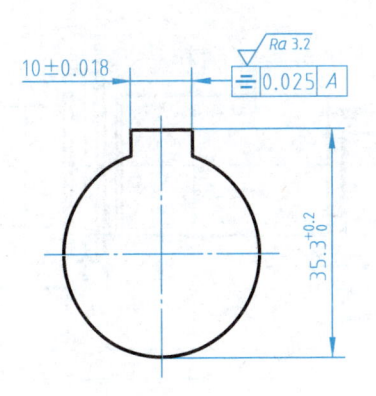

技术要求
1. 齿部高频淬火，硬度为55~60HRC。
2. 未注倒角C2。

$\sqrt{Ra\,12.5}(\sqrt{})$

直齿轮					
制图			图号	HT-22-083	
审核			材料	45	CAD集训中心

| 项目三 | 齿形零件绘图训练 | | 图号 | HT-22-084 |

模数	2
头数	1
压力角	20°
直径系数	10.5

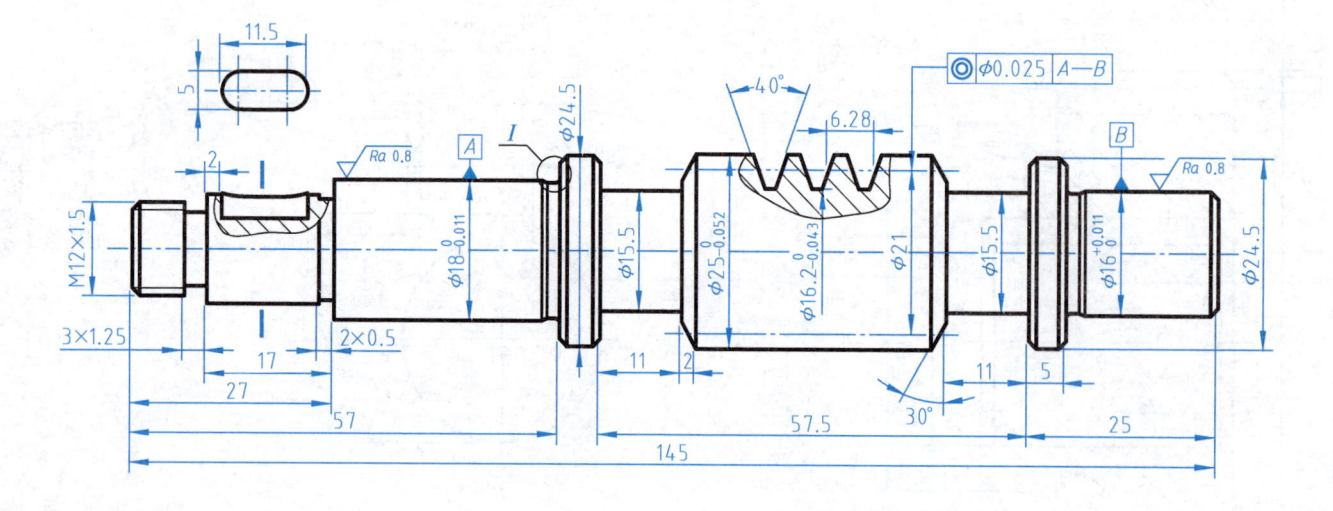

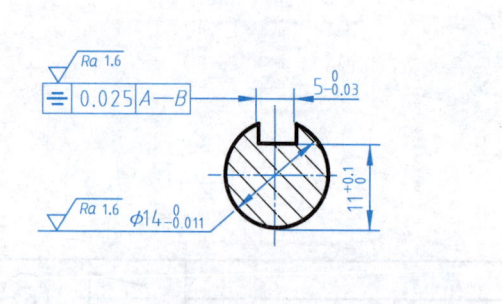

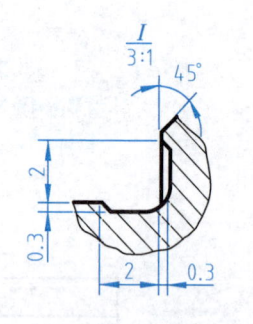

技术要求
1. 经调质处理，硬度为220~250HBW，齿面淬火硬度为45~55HRC。
2. 未注倒角C1。

传动蜗杆				
制图			图号	HT-22-084
审核			材料	45

CAD集训中心

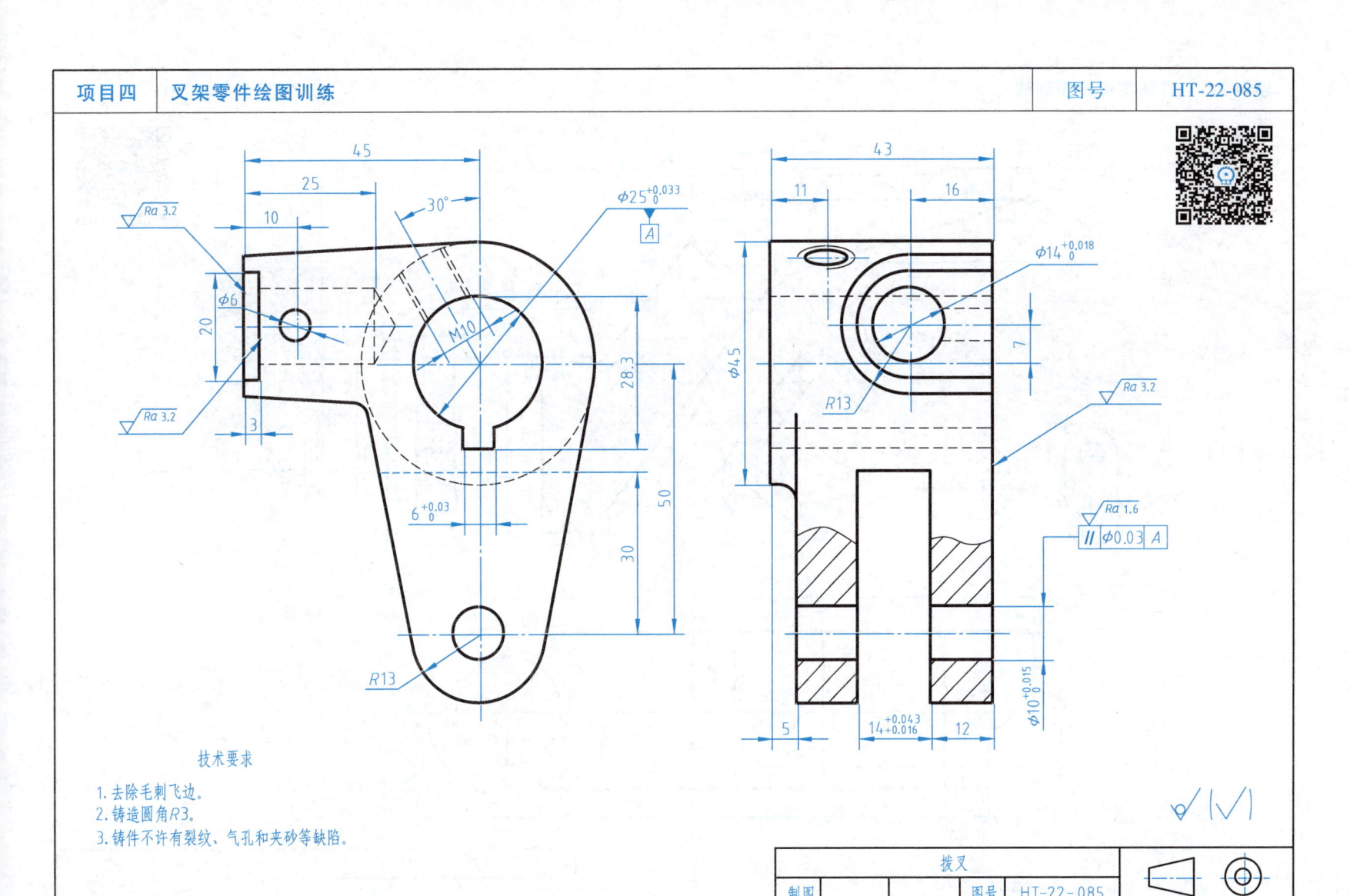

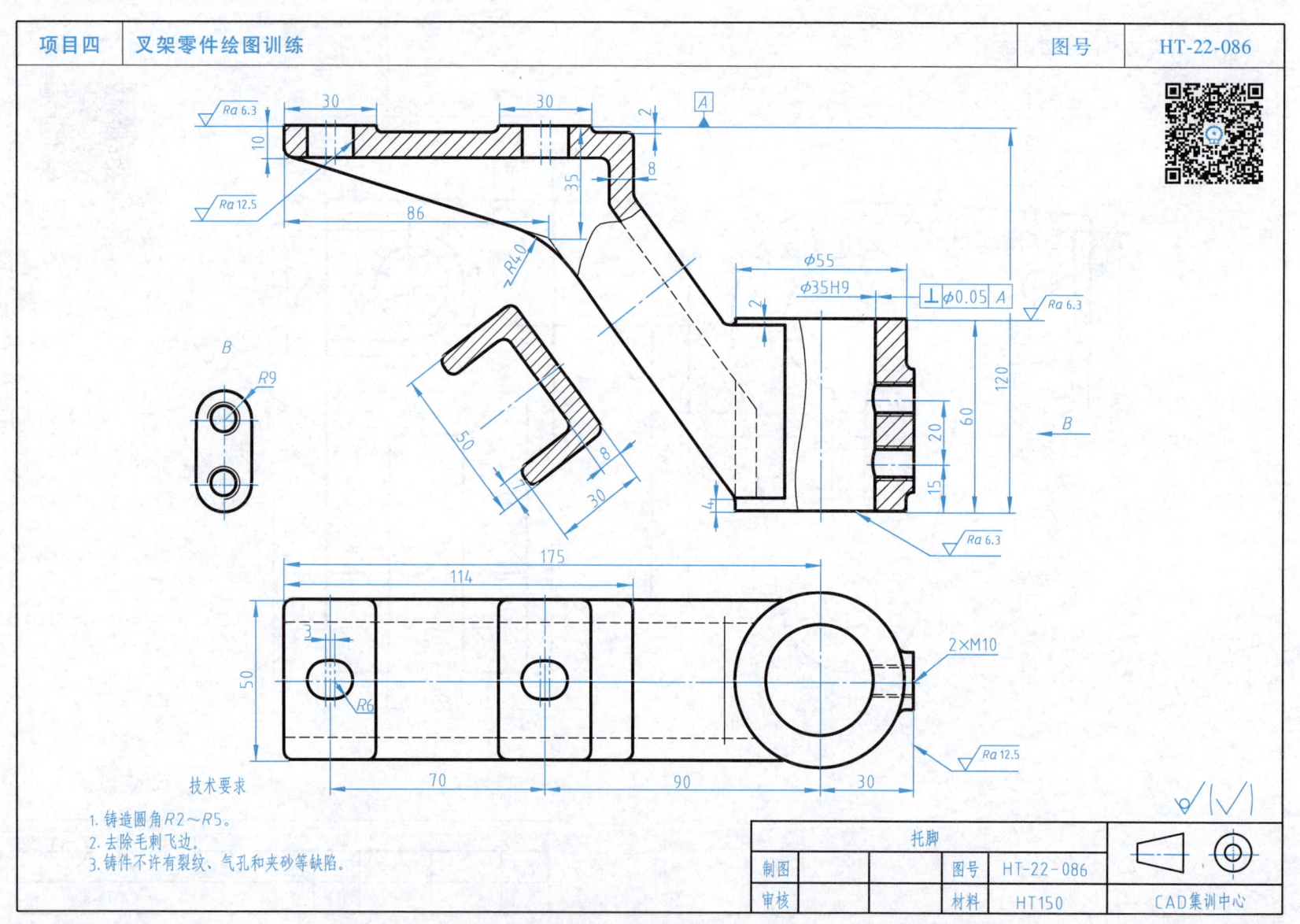

技术要求

1. 铸造圆角R2～R5。
2. 去除毛刺飞边。
3. 铸件不许有裂纹、气孔和夹砂等缺陷。

托脚				
制图			图号	HT-22-086
审核			材料	HT150

CAD集训中心

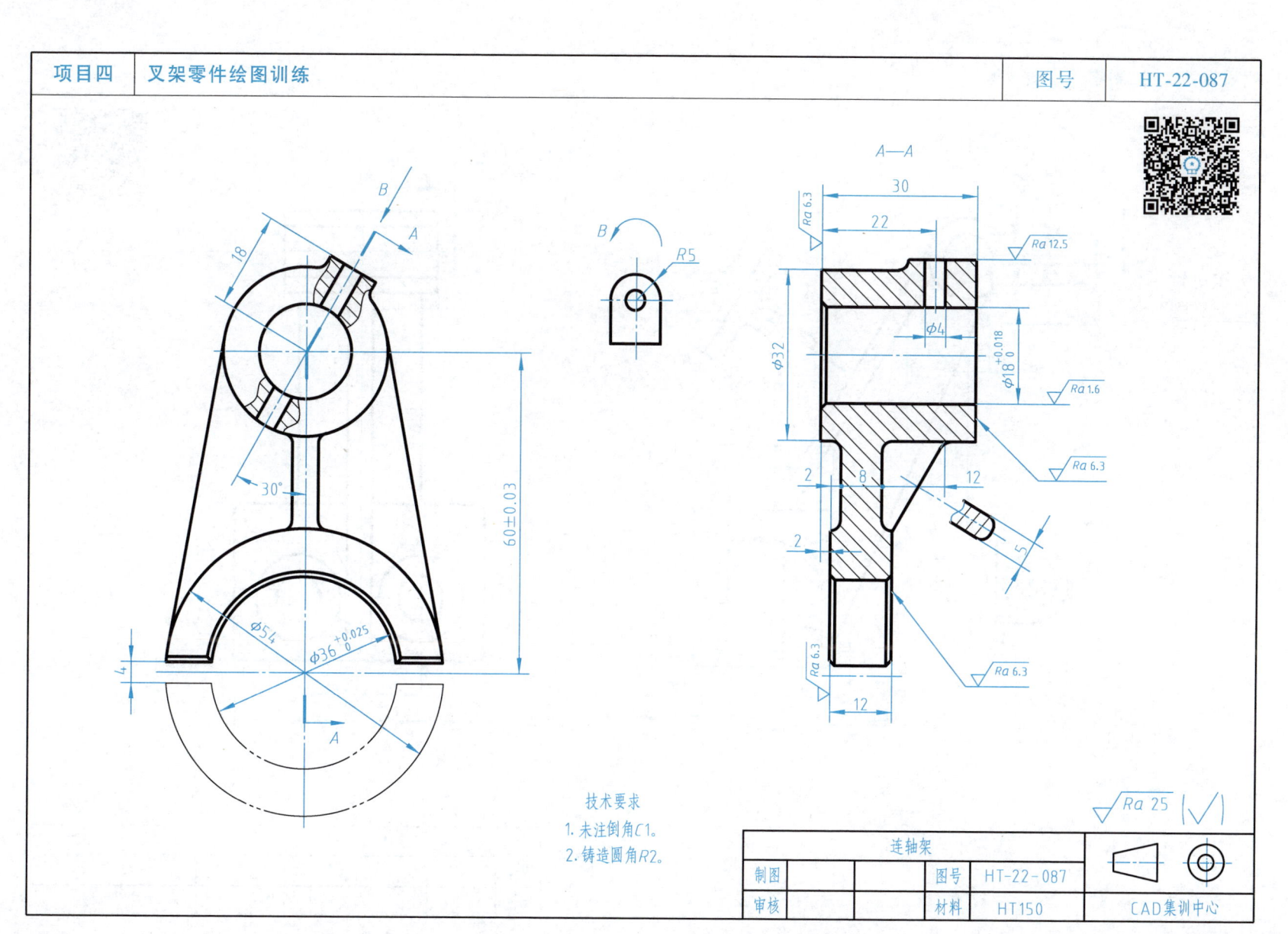

| 项目四 | 叉架零件绘图训练 | | 图号 | HT-22-087 |

技术要求
1. 未注倒角C1。
2. 铸造圆角R2。

		连轴架		
制图		图号	HT-22-087	
审核		材料	HT150	CAD集训中心

项目四	叉架零件绘图训练		图号	HT-22-088

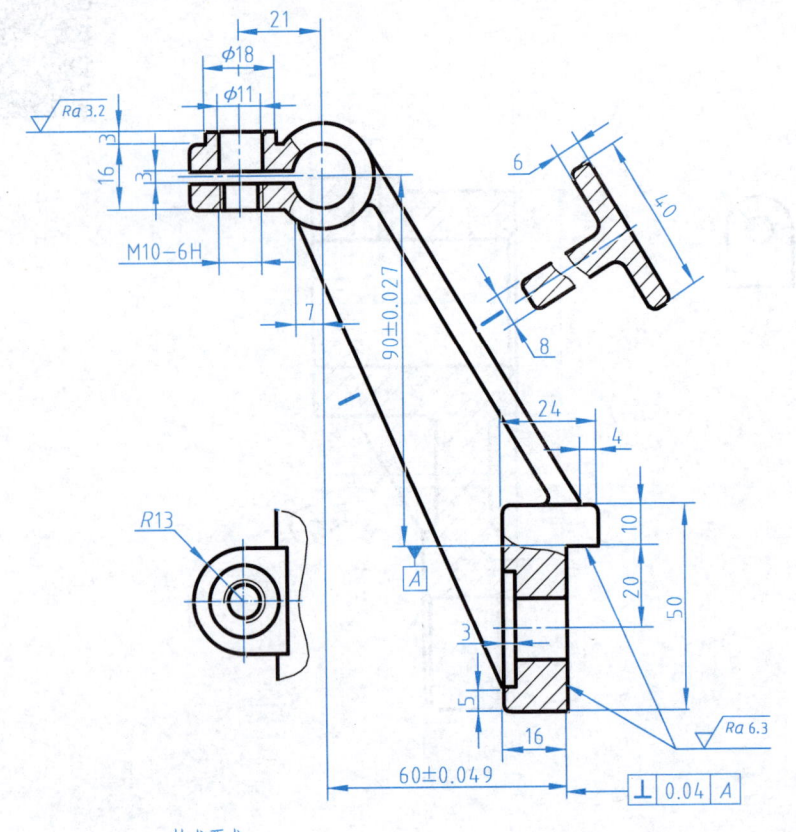

技术要求

1. 去除毛刺飞边。
2. 铸造圆角R2。
3. 铸件不许有裂纹、气孔和夹砂等缺陷。

	托架		
制图		图号	HT-22-088
审核		材料	HT150

CAD集训中心

项目四　叉架零件绘图训练　　　　　　　　　　　　　　　图号　HT-22-089

技术要求
1. 铸造圆角R3~R5。
2. 铸件不许有裂纹、气孔和夹砂等缺陷。

	支架		
制图		图号	HT-22-089
审核		材料	HT150

CAD集训中心

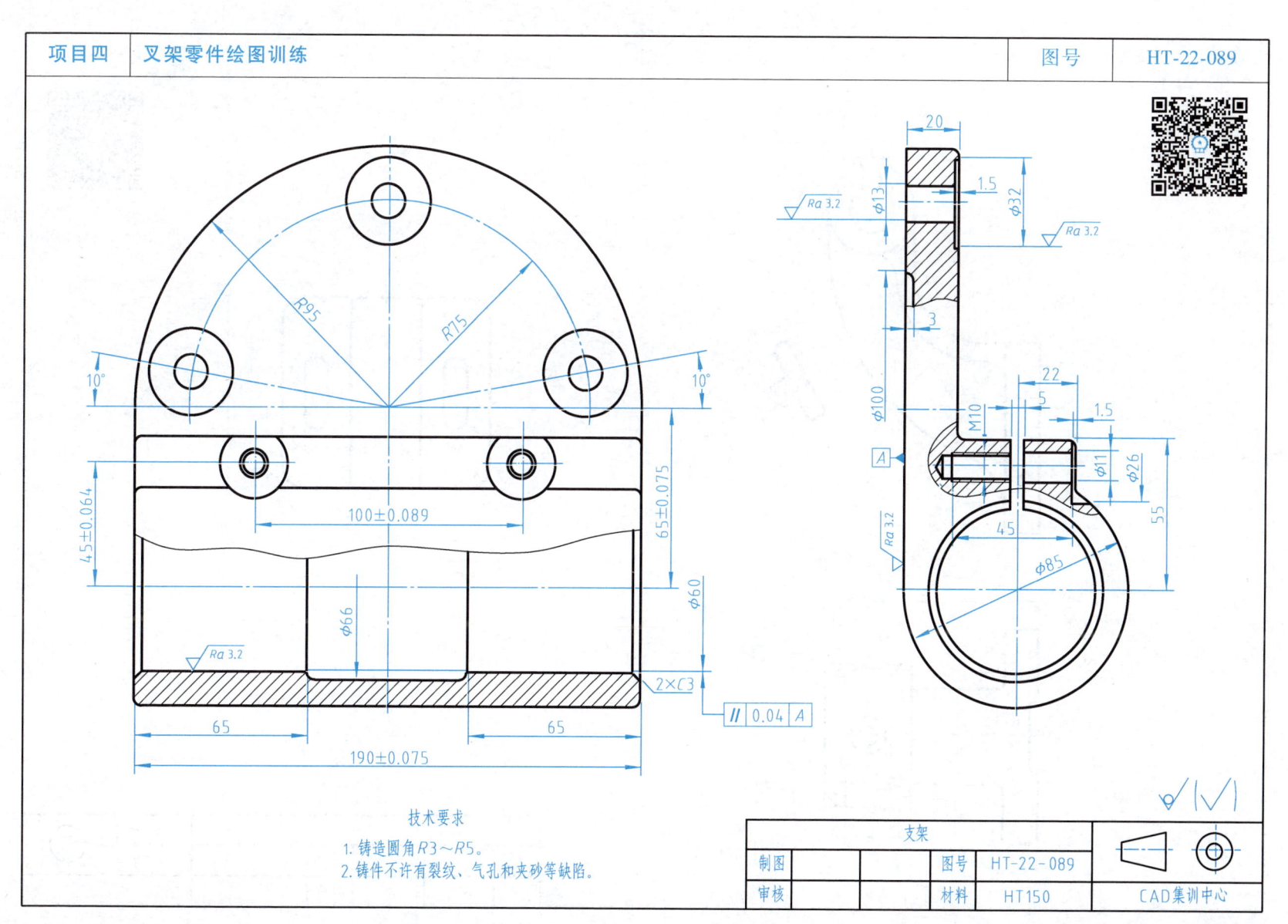

| 项目四 | 叉架零件绘图训练 | 图号 | HT-22-090 |

技术要求

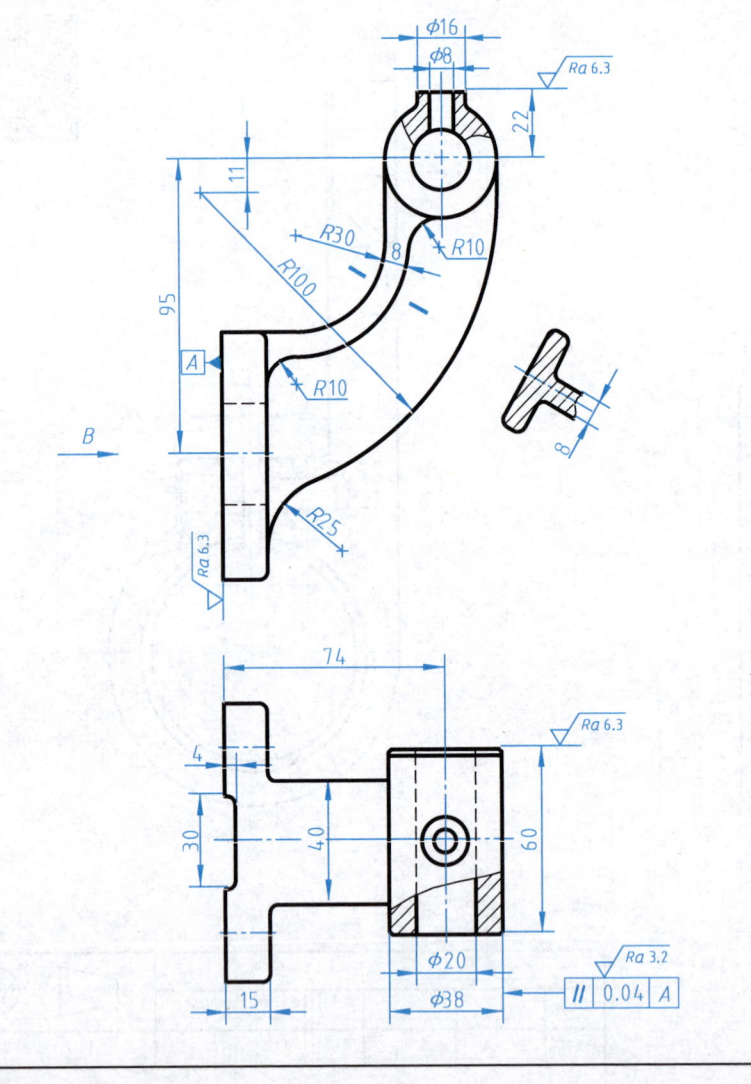

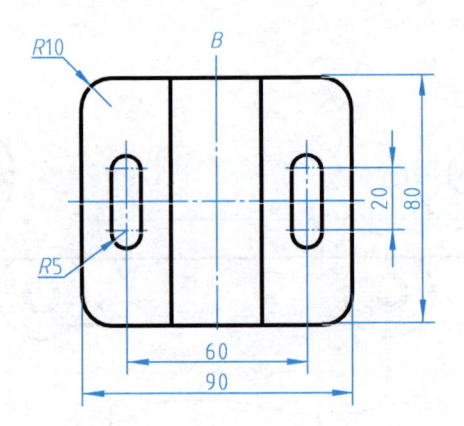

1. 未注铸造圆角R3。
2. 铸件不许有裂纹、气孔和疏松等缺陷。

	支承架		
制图		图号	HT-22-090
审核		材料	HT150

CAD集训中心

| 项目四 | 叉架零件绘图训练 | | 图号 | HT-22-091 |

技术要求
1. 未注圆角R3。
2. 铸件不允许存在气孔和夹砂等铸造缺陷。

				支架		
制图			图号	HT-22-091		
审核			材料	HT150		CAD集训中心

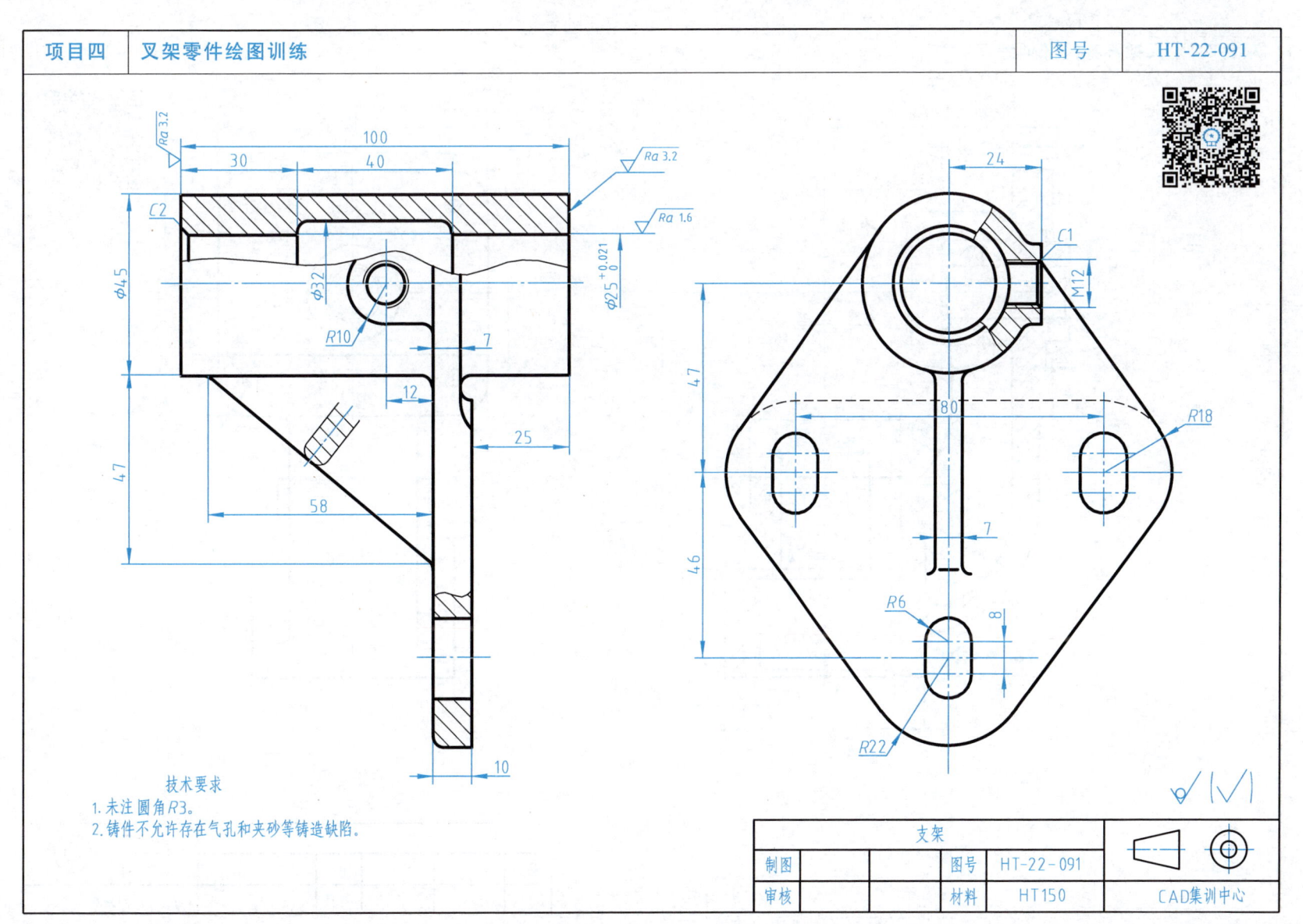

· 91 ·

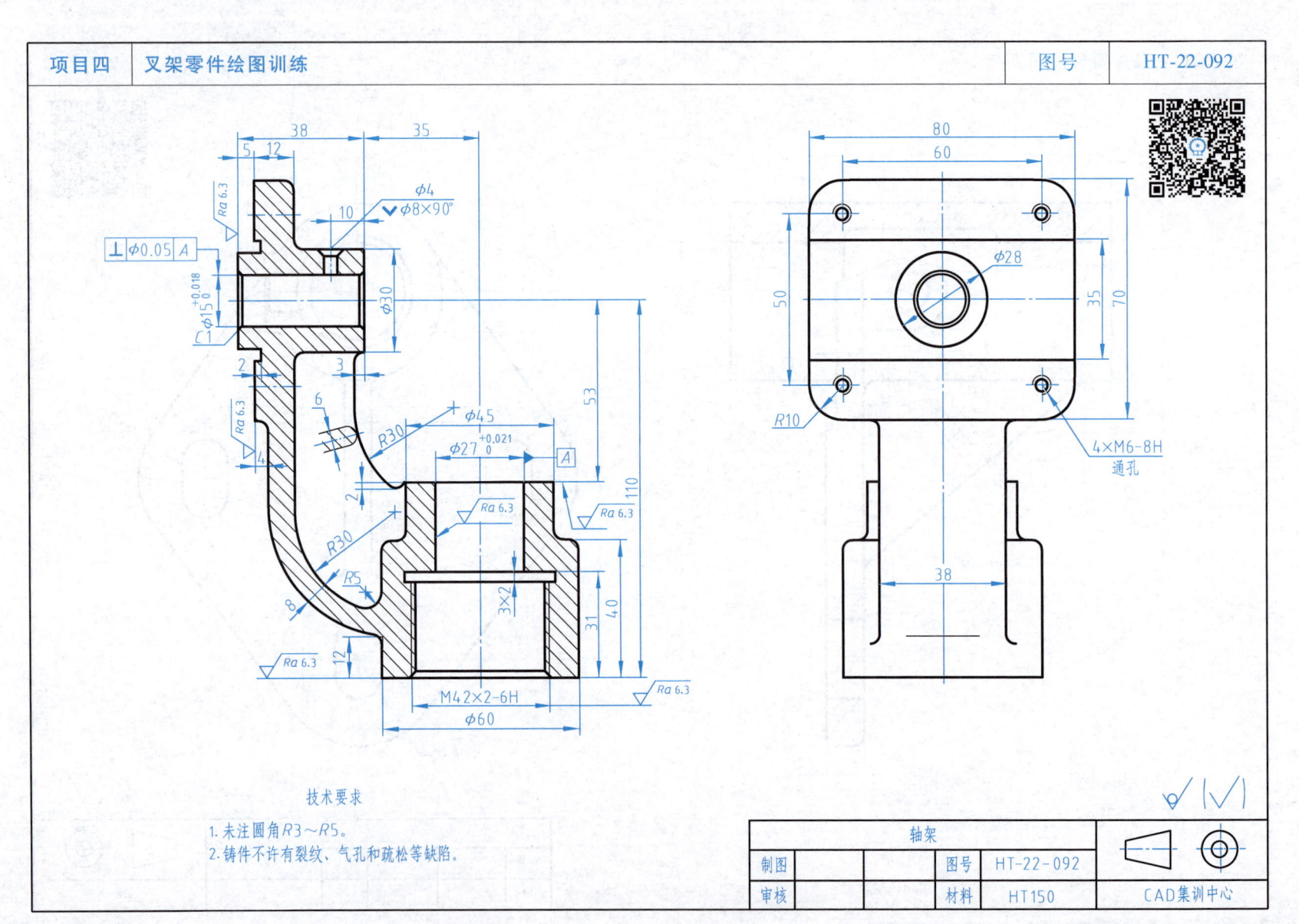

项目四　叉架零件绘图训练　　　图号　HT-22-092

技术要求
1. 未注圆角R3～R5。
2. 铸件不许有裂纹、气孔和疏松等缺陷。

	轴架		
制图		图号	HT-22-092
审核		材料	HT150

CAD集训中心

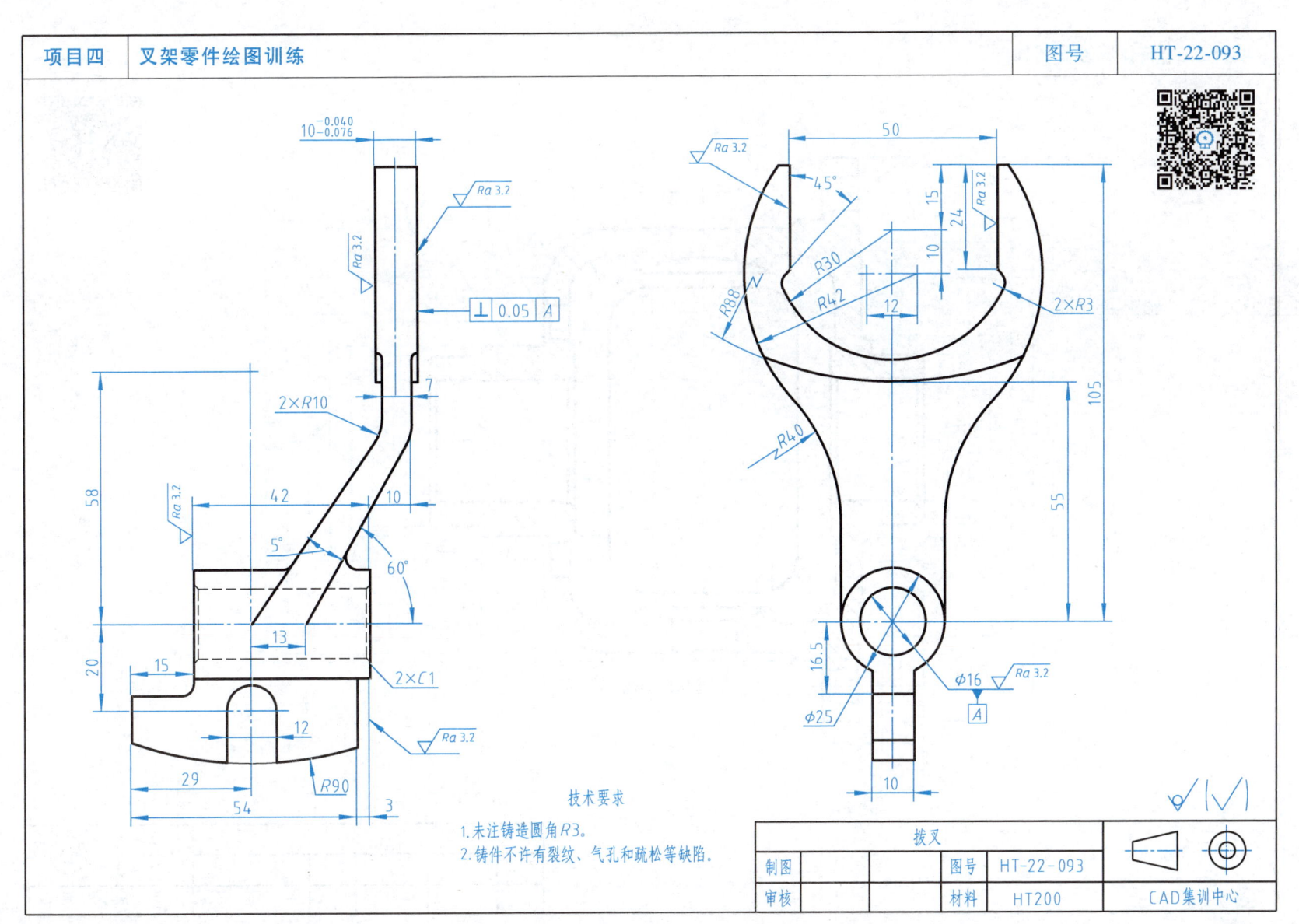

项目四	叉架零件绘图训练		图号	HT-22-093

技术要求
1. 未注铸造圆角 R3。
2. 铸件不许有裂纹、气孔和疏松等缺陷。

		拔叉		
制图			图号	HT-22-093
审核			材料	HT200

CAD集训中心

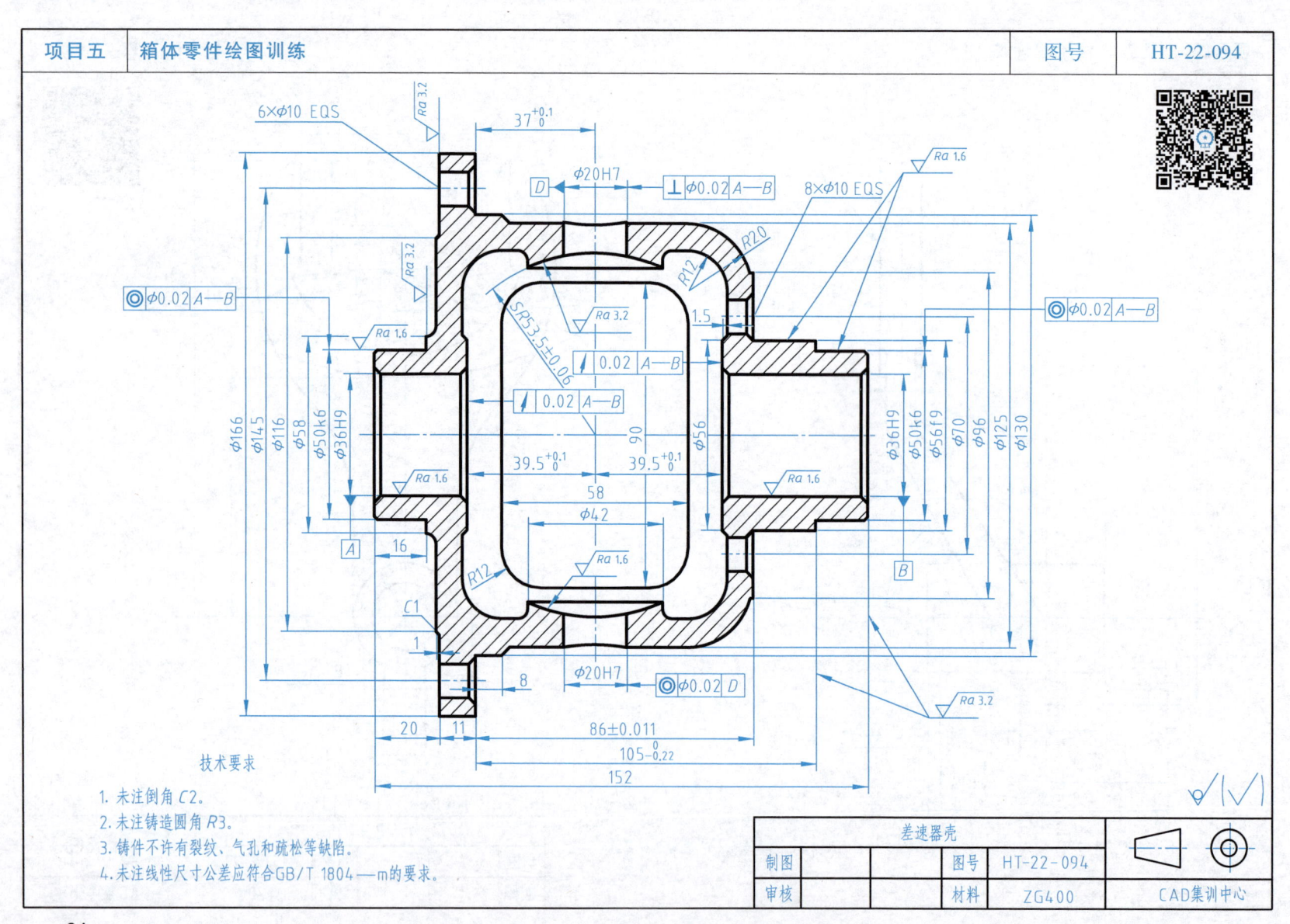

技术要求

1. 未注倒角 $C2$。
2. 未注铸造圆角 $R3$。
3. 铸件不许有裂纹、气孔和疏松等缺陷。
4. 未注线性尺寸公差应符合GB/T 1804—m的要求。

差速器壳					CAD集训中心
制图			图号	HT-22-094	
审核			材料	ZG400	

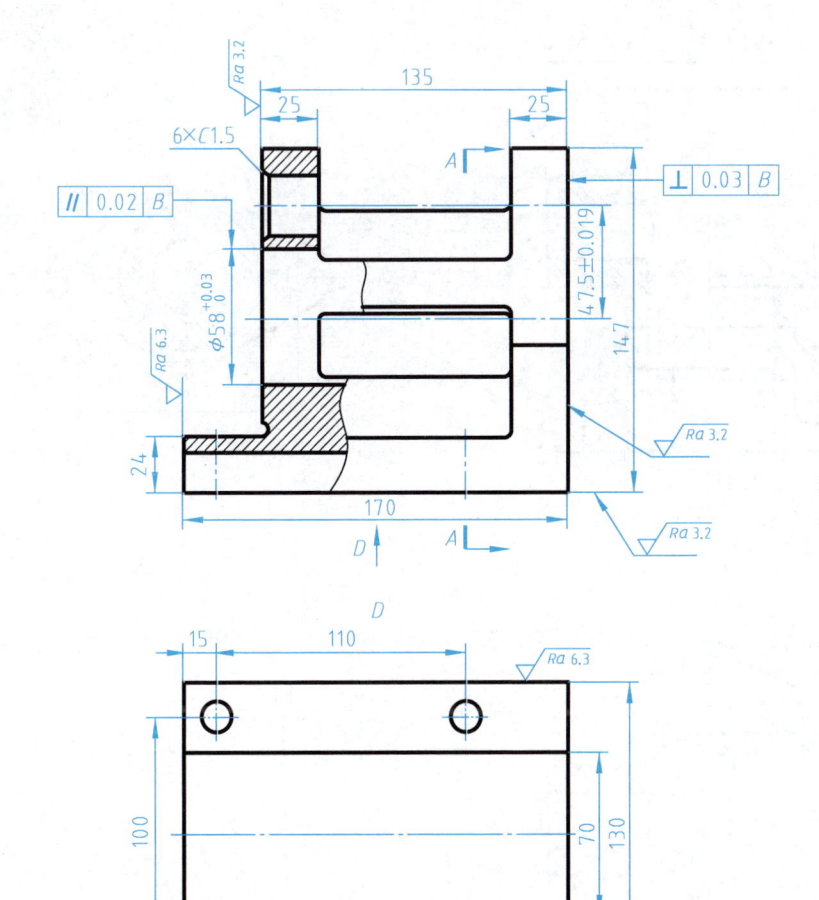

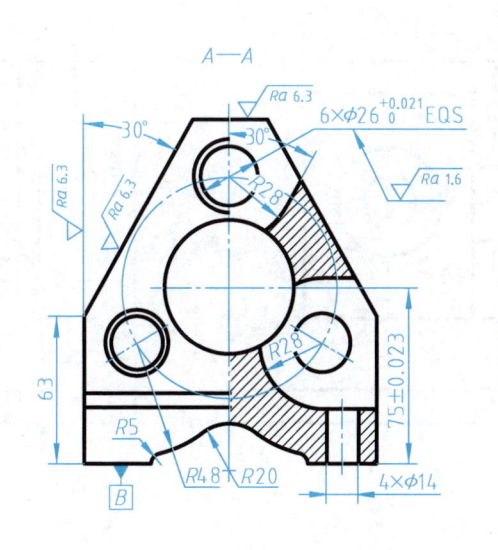

技术要求

1. 未注铸造圆角R3。
2. 铸件不许有裂纹、气孔和疏松等缺陷。

通连座				
制图		图号	HT-22-095	
审核		材料	HT150	CAD集训中心

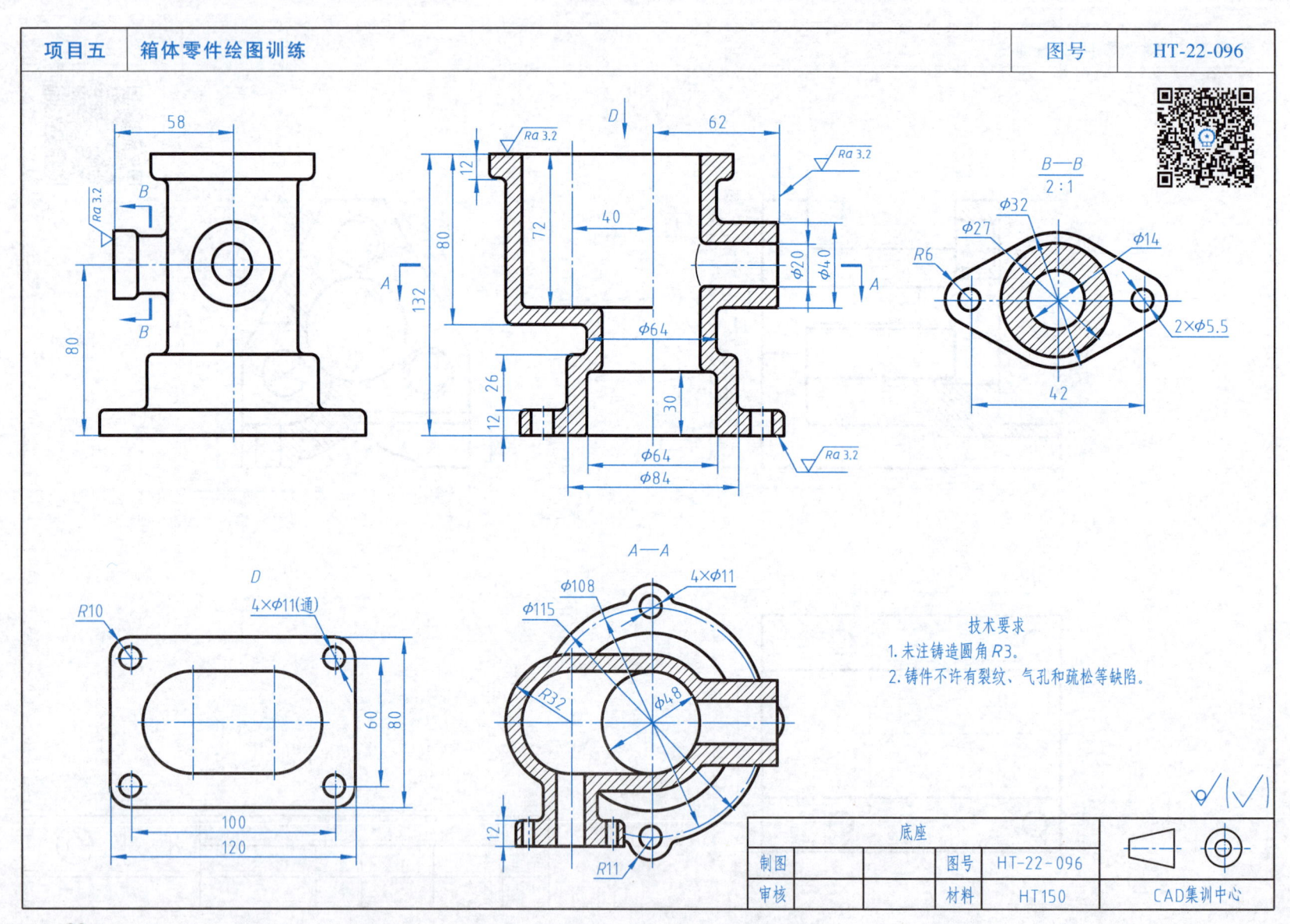

| 项目五 | 箱体零件绘图训练 | | 图号 | HT-22-096 |

技术要求
1. 未注铸造圆角R3。
2. 铸件不许有裂纹、气孔和疏松等缺陷。

		底座		
制图		图号	HT-22-096	
审核		材料	HT150	CAD集训中心

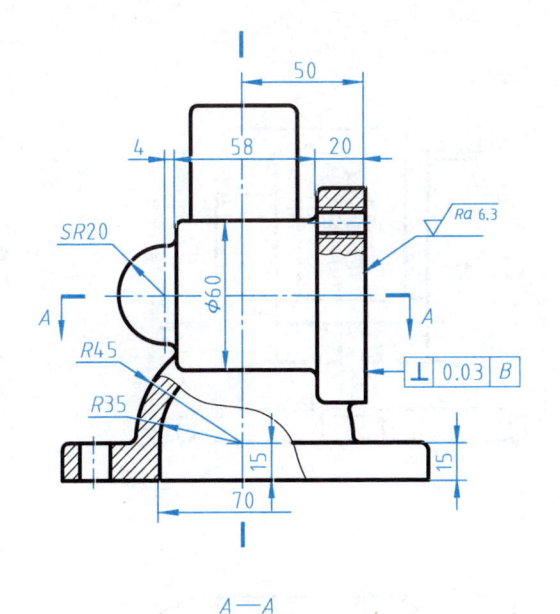

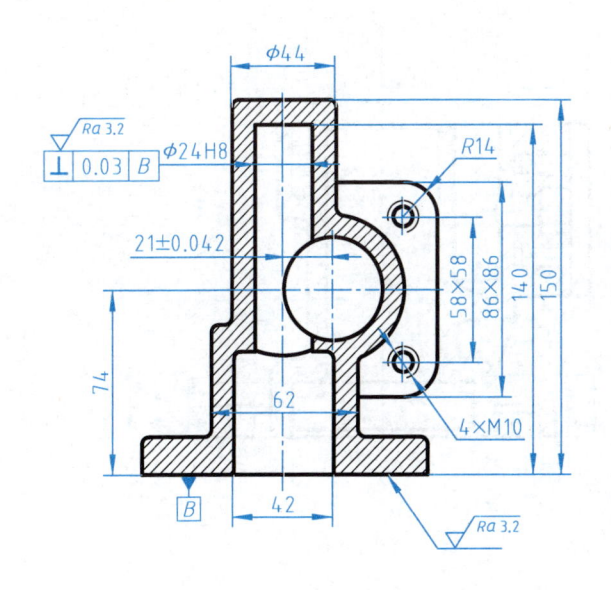

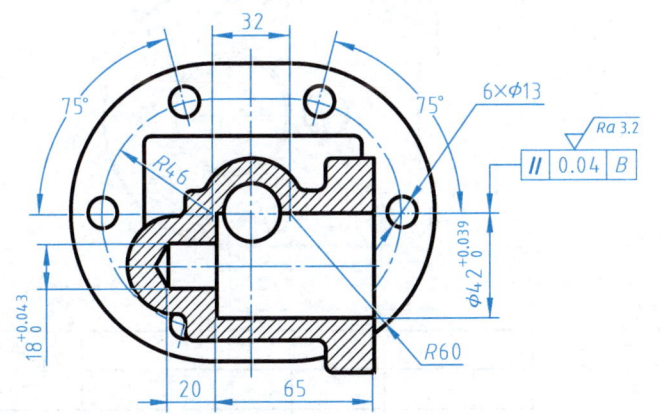

项目五　箱体零件绘图训练

图号　HT-22-097

技术要求
1. 未注铸造圆角 R3。
2. 铸件不许有裂纹、气孔和疏松等缺陷。

阀盖					
制图			图号	HT-22-097	
审核			材料	HT150	CAD集训中心

· 97 ·

项目五 箱体零件绘图训练 图号 HT-22-098

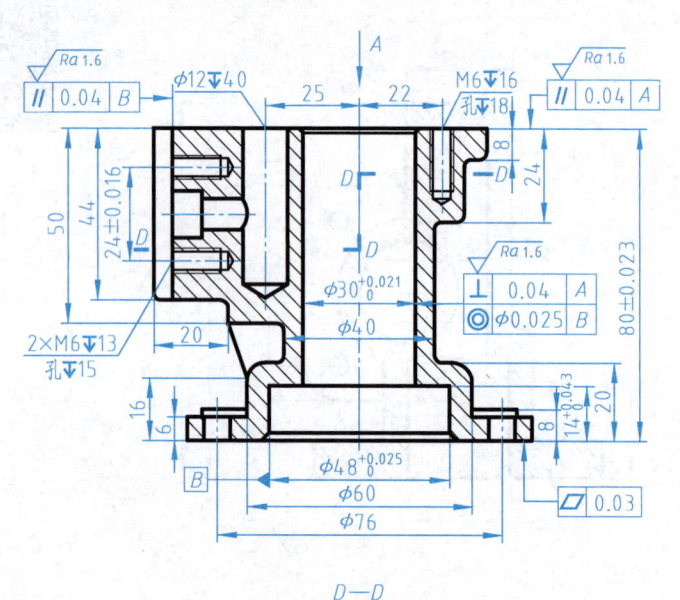

技术要求
1. 未注倒角C1、C2。
2. 未注铸造圆角R1~R3。
3. 铸件应经时效处理，消除内应力。

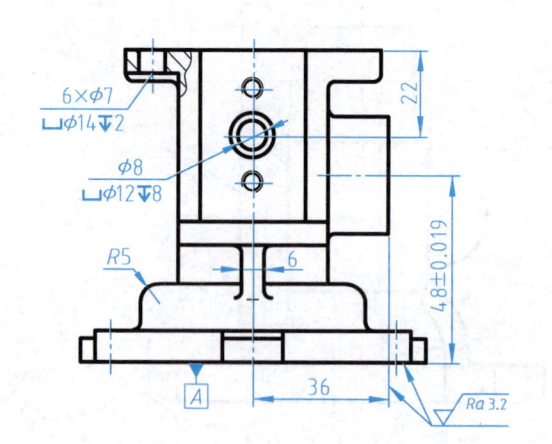

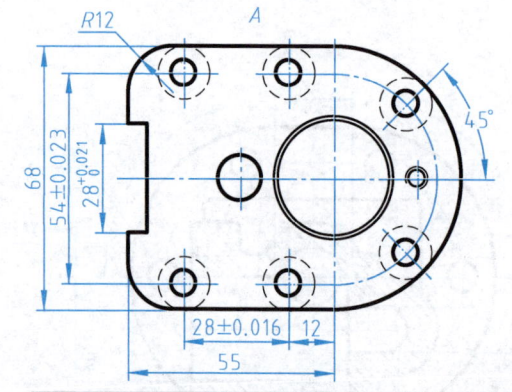

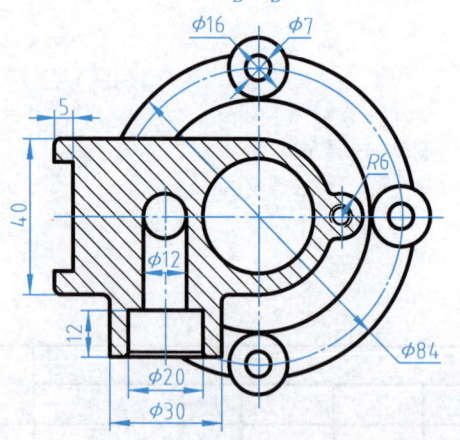

		泵座		
制图		图号	HT-22-098	
审核		材料	ZL102	CAD集训中心

| 项目五 | 箱体零件绘图训练 | | 图号 | HT-22-099 |

技术要求

1. 铸造圆角R2~R5。
2. 去除毛刺飞边。
3. 铸件不许有裂纹、气孔和疏松等缺陷。

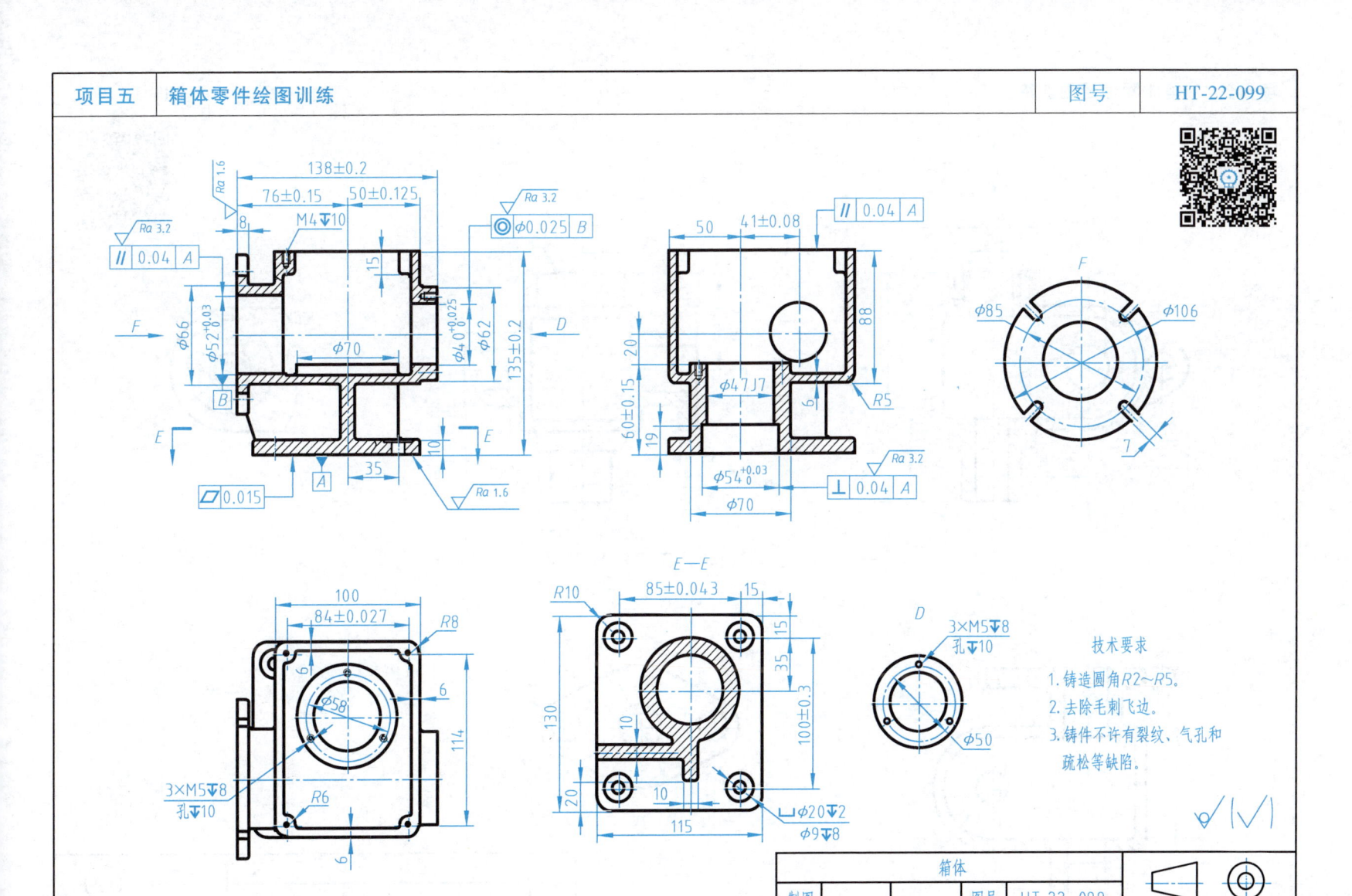

			箱体		
制图			图号	HT-22-099	
审核			材料	HT150	CAD集训中心

| 项目五 | 箱体零件绘图训练 | | 图号 | HT-22-100 |

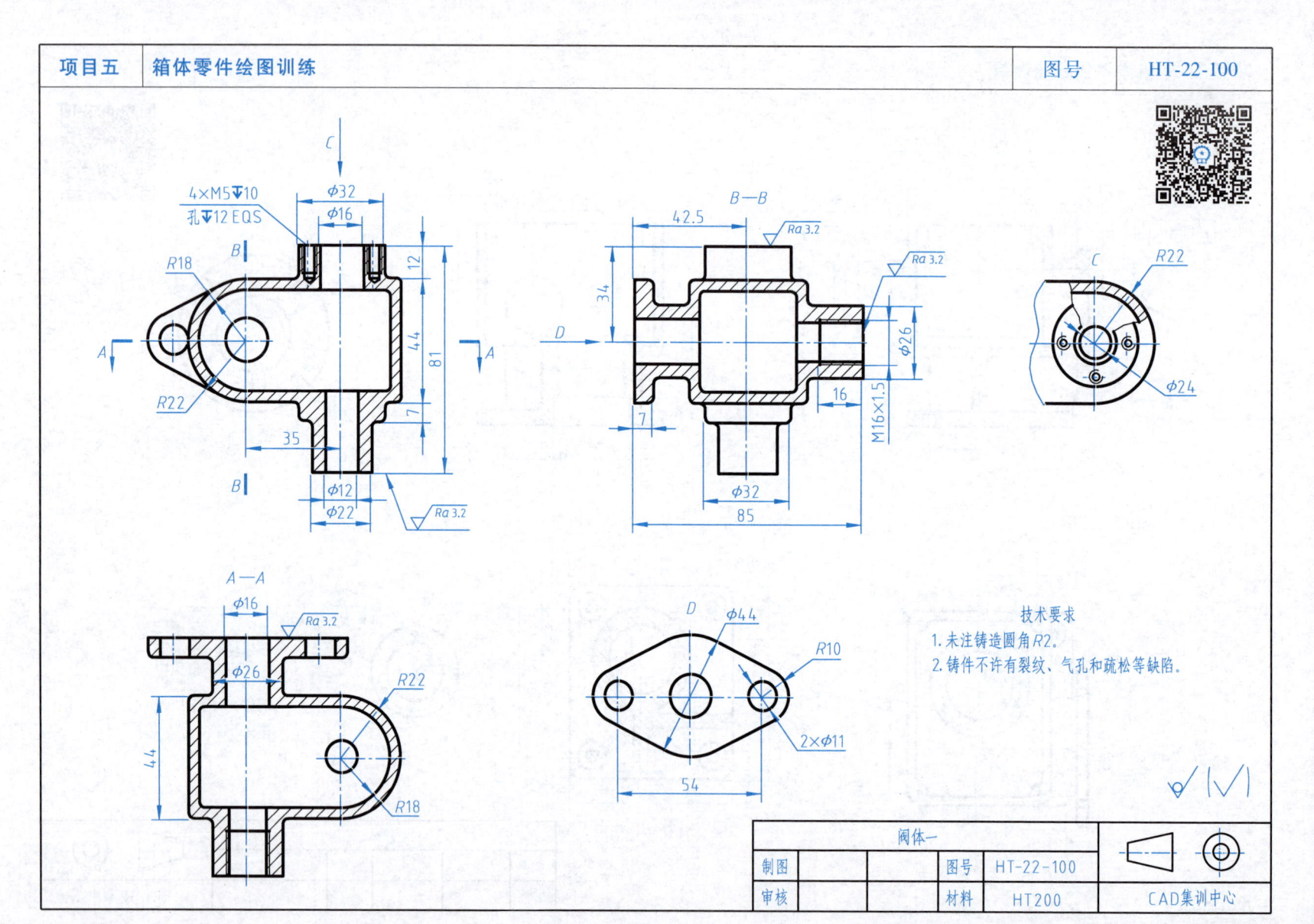

技术要求
1. 未注铸造圆角R2。
2. 铸件不许有裂纹、气孔和疏松等缺陷。

阀体一				
制图		图号	HT-22-100	
审核		材料	HT200	CAD集训中心

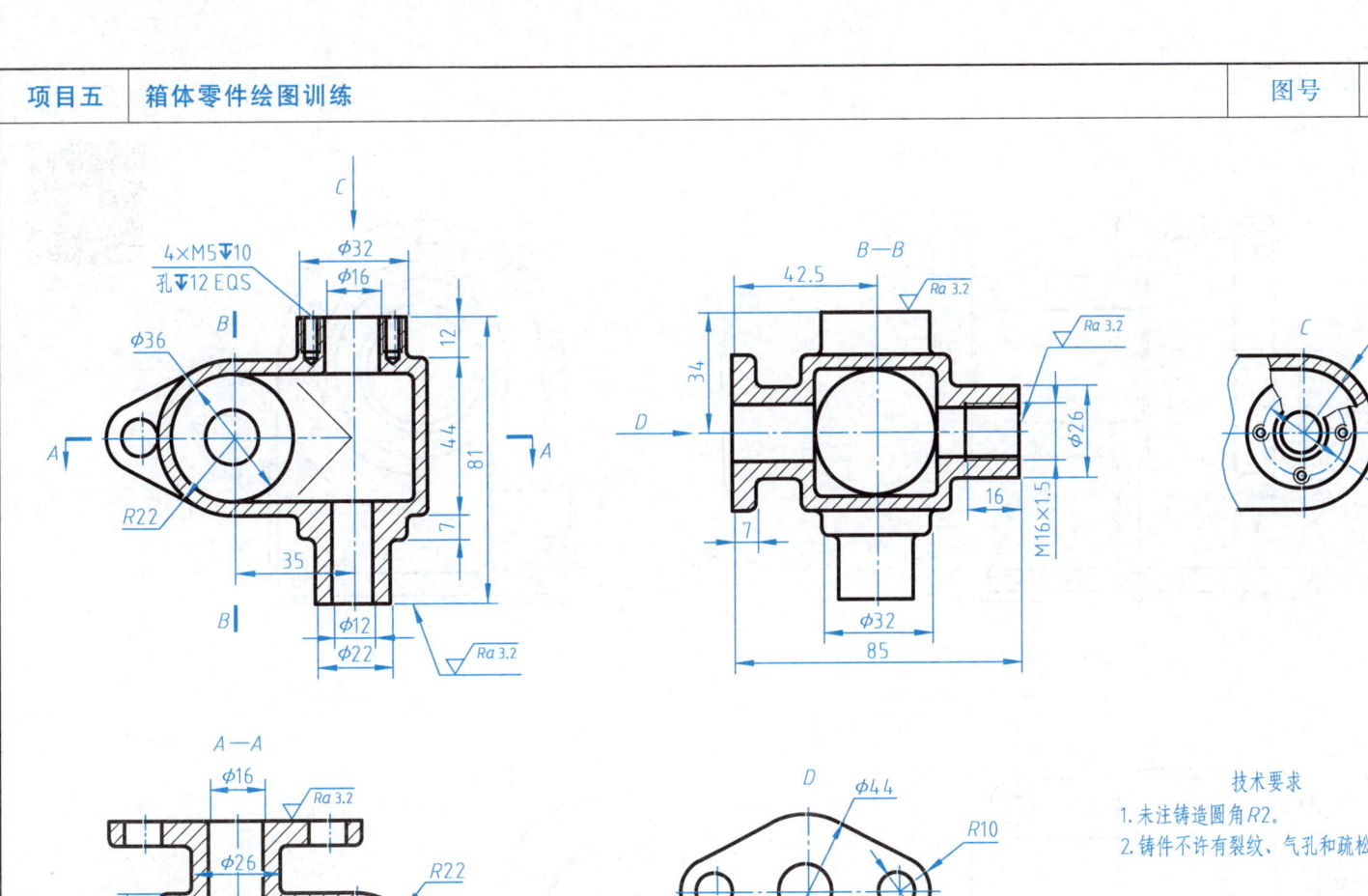

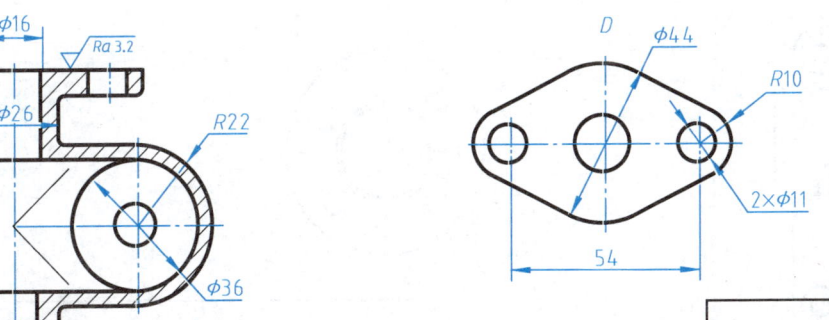

项目五	箱体零件绘图训练		图号	HT-22-101

技术要求
1. 未注铸造圆角R2。
2. 铸件不许有裂纹、气孔和疏松等缺陷。

		阀体二				
制图			图号	HT-22-101		
审核			材料	HT200		CAD集训中心

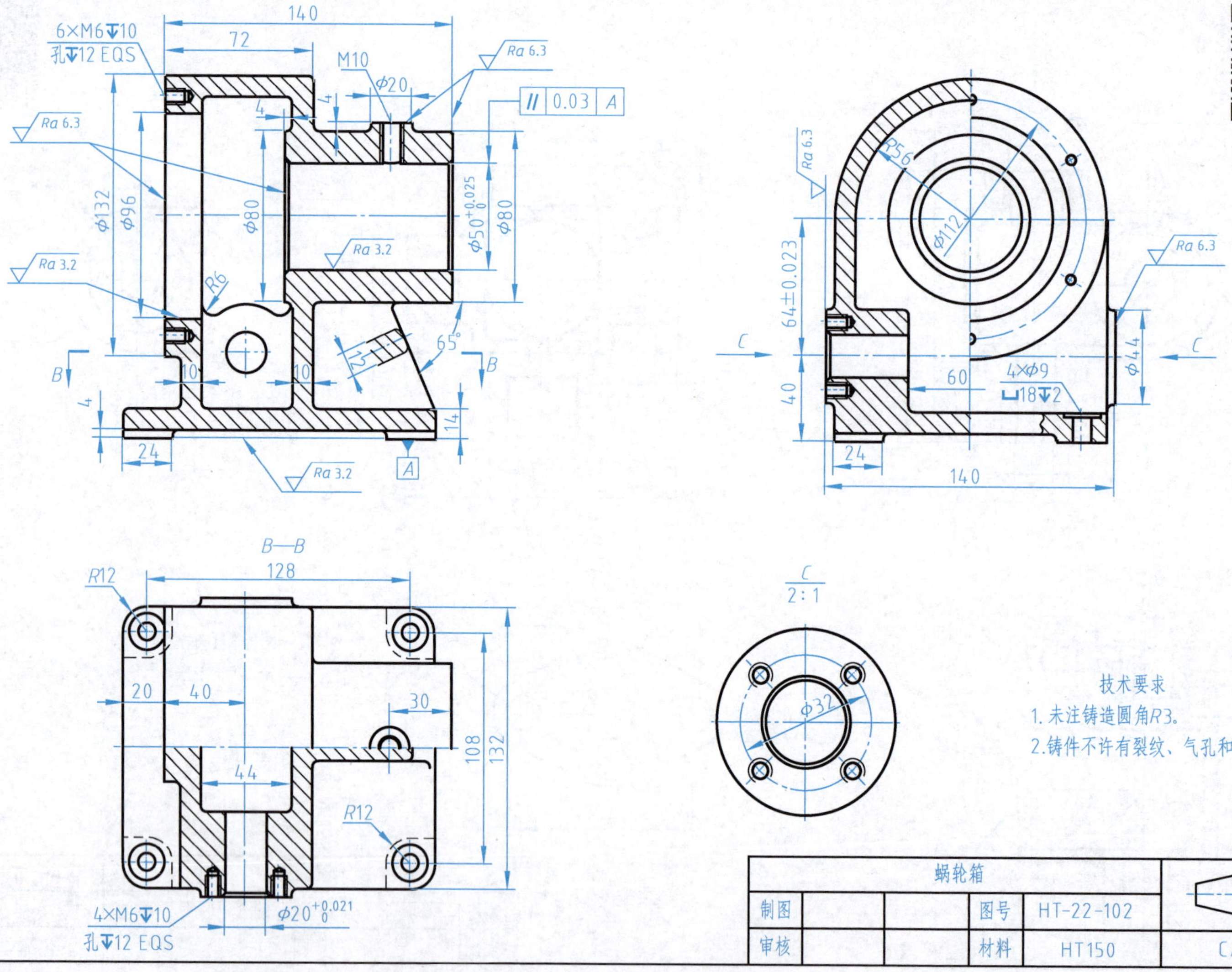

技术要求

1. 未注铸造圆角R3。
2. 铸件不许有裂纹、气孔和疏松等缺陷。

蜗轮箱				
制图		图号	HT-22-102	
审核		材料	HT150	CAD集训中心

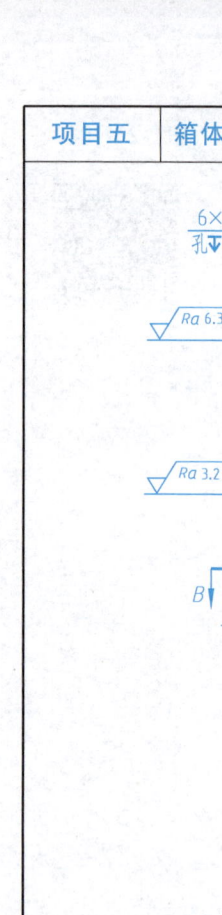

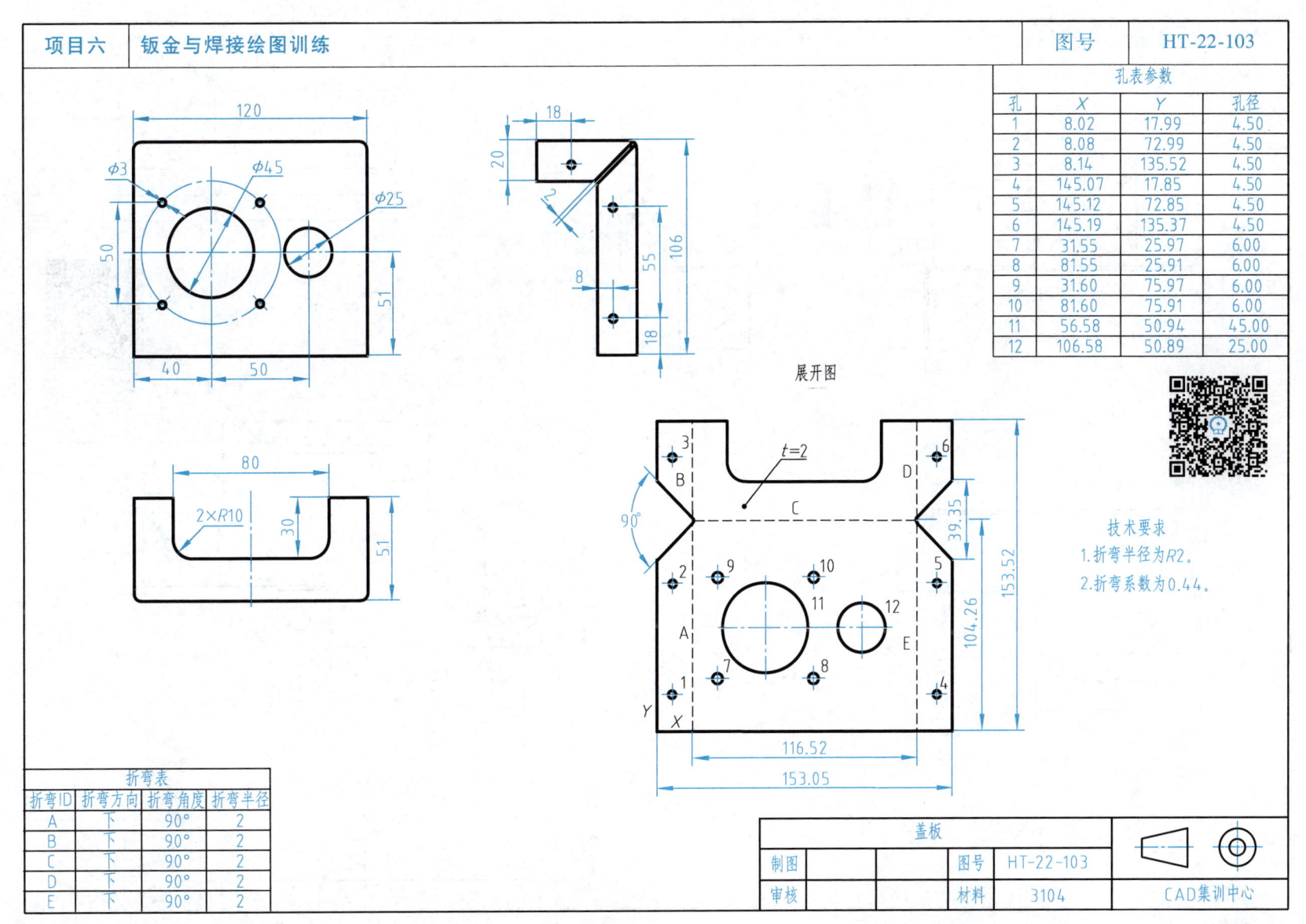

项目六 钣金与焊接绘图训练 图号 HT-22-103

2

孔表参数

孔	X	Y	孔径
1	8.02	17.99	4.50
2	8.08	72.99	4.50
3	8.14	135.52	4.50
4	145.07	17.85	4.50
5	145.12	72.85	4.50
6	145.19	135.37	4.50
7	31.55	25.97	6.00
8	81.55	25.91	6.00
9	31.60	75.97	6.00
10	81.60	75.91	6.00
11	56.58	50.94	45.00
12	106.58	50.89	25.00

展开图

3
t=2
2
10
1

技术要求

1.折弯半径为R2。

2.折弯系数为0.44。

折弯表

折弯ID	折弯方向	折弯角度	折弯半径
A	下	90°	2
B	下	90°	2
C	下	90°	2
D	下	90°	2
E	下	90°	2

盖板				
制图			图号	HT-22-103
审核			材料	3104

CAD集训中心

· 103 ·

| 项目六 | 钣金与焊接绘图训练 | | 图号 | HT-22-104 |

折弯表

折弯ID	折弯方向	折弯角度	折弯半径
1	下	90°	1
2	上	90°	1
3	上	90°	1
4	上	90°	1

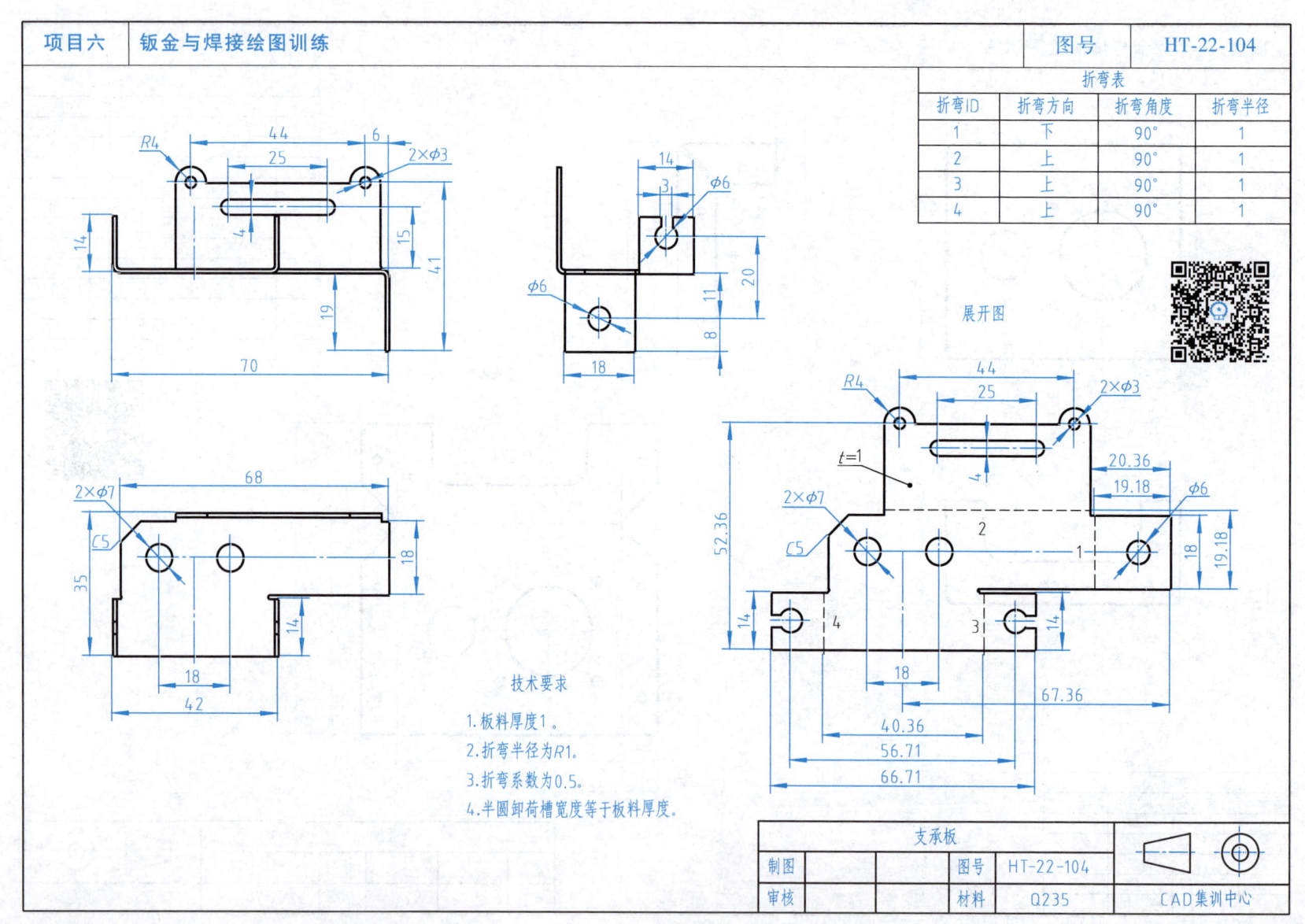

展开图

技术要求

1. 板料厚度1。
2. 折弯半径为R1。
3. 折弯系数为0.5。
4. 半圆卸荷槽宽度等于板料厚度。

支承板

| 制图 | | 图号 | HT-22-104 |
| 审核 | | 材料 | Q235 |

CAD集训中心

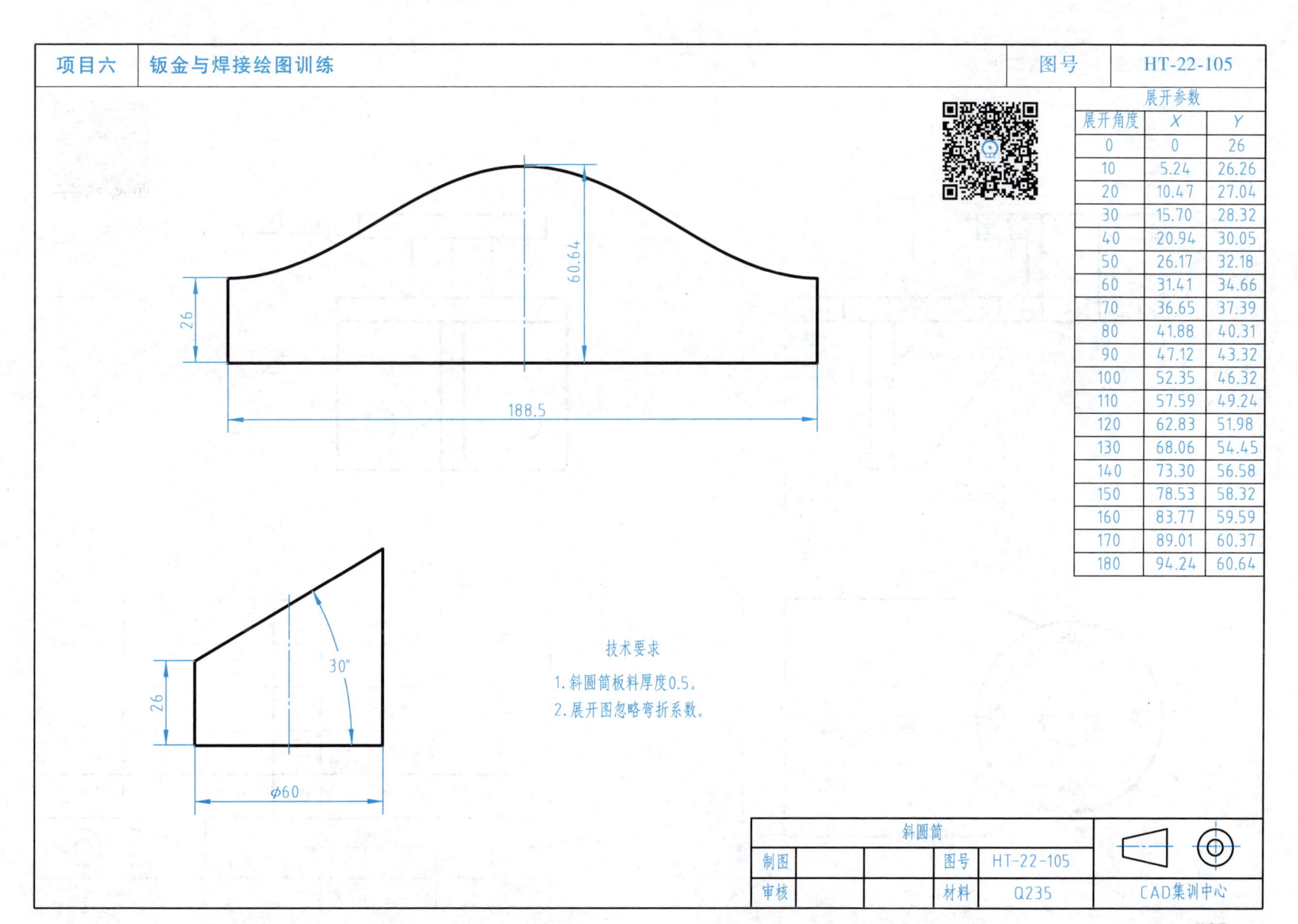

项目六	钣金与焊接绘图训练		图号	HT-22-105

展开参数		
展开角度	X	Y
0	0	26
10	5.24	26.26
20	10.47	27.04
30	15.70	28.32
40	20.94	30.05
50	26.17	32.18
60	31.41	34.66
70	36.65	37.39
80	41.88	40.31
90	47.12	43.32
100	52.35	46.32
110	57.59	49.24
120	62.83	51.98
130	68.06	54.45
140	73.30	56.58
150	78.53	58.32
160	83.77	59.59
170	89.01	60.37
180	94.24	60.64

技术要求

1. 斜圆筒板料厚度0.5。
2. 展开图忽略弯折系数。

			斜圆筒			
制图			图号	HT-22-105		
审核			材料	Q235		CAD集训中心

| 项目六 | 钣金与焊接绘图训练 | 图号 | HT-22-106 |

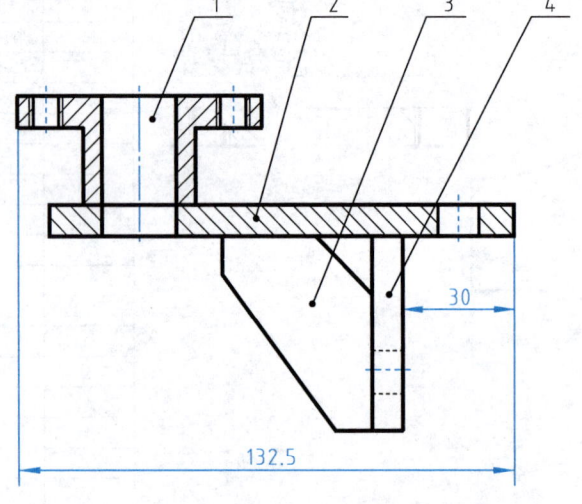

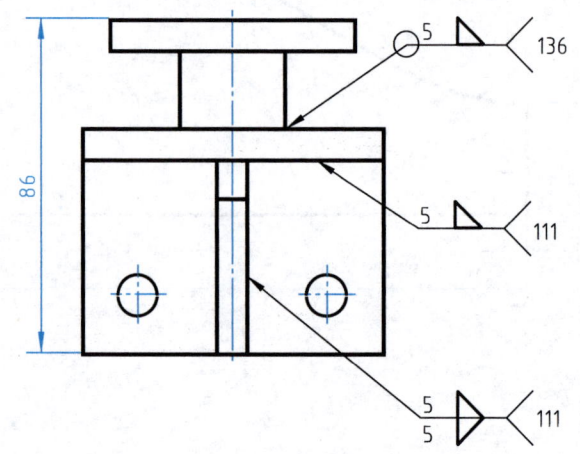

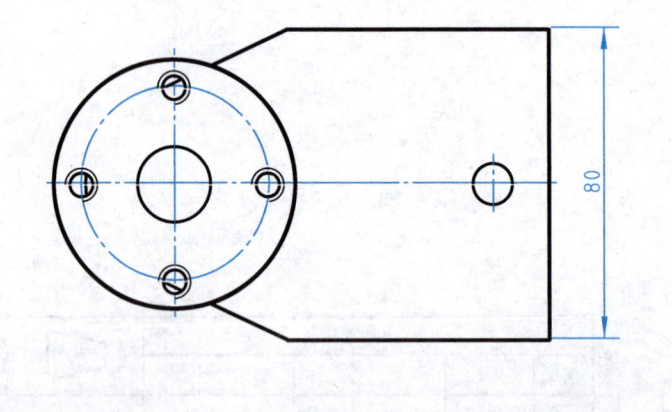

4	底板	1	Q235	
3	支承板	1	Q235	
2	上座板	1	Q235	
1	支承座	1	45	
序号	名称	数量	材料	备注

支承架				
制图		图号	HT-22-106	
审核		材料		CAD集训中心

项目六　钣金与焊接绘图训练　　　　图号　HT-22-107

底板　2×φ11　t=8

支承座　φ65　φ50　4×M8 EQS　φ20　φ30

上座板　R24　φ20　φ11　t=8

支承板　40　10　t=8　C15　50　10

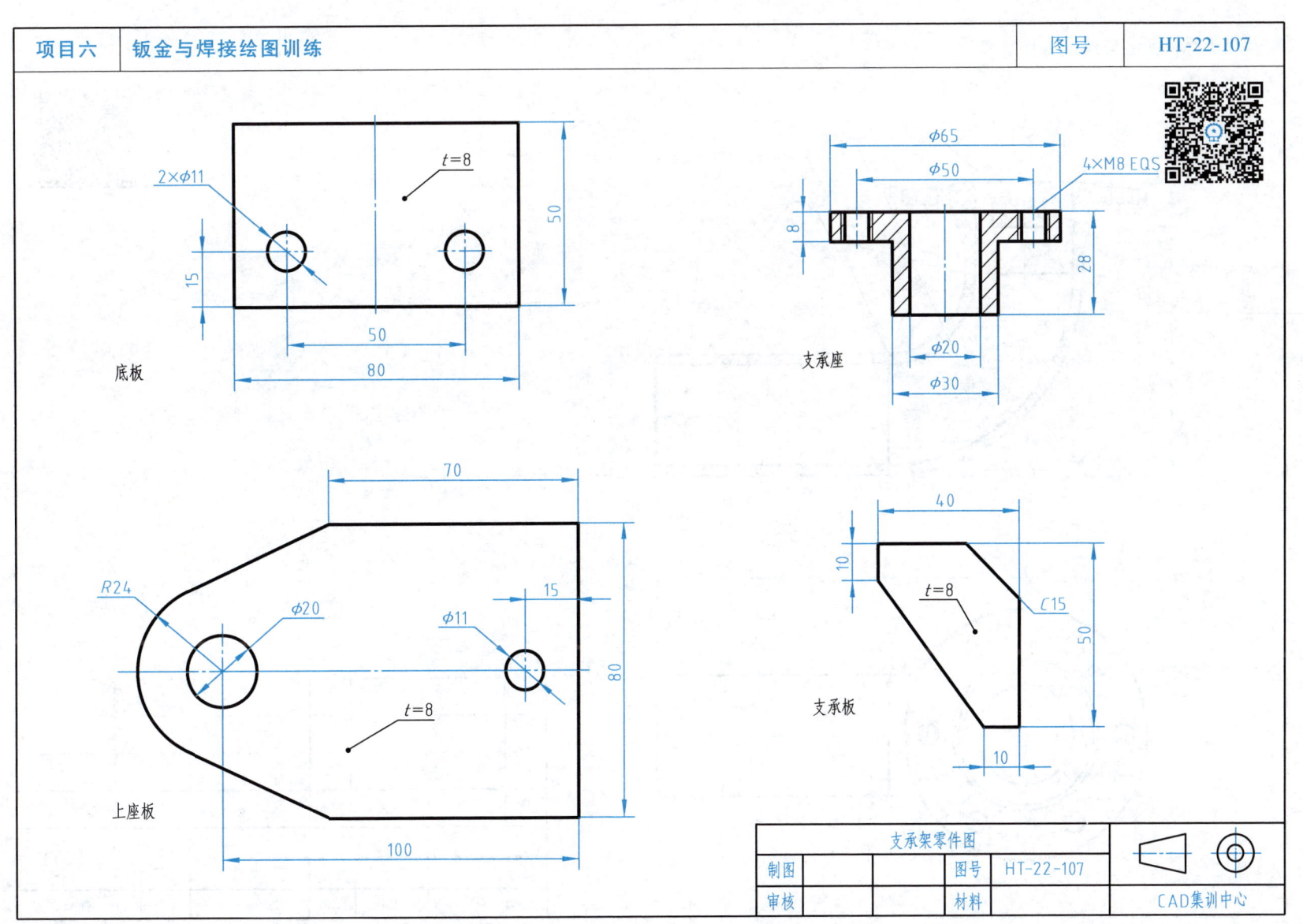

支承架零件图
| 制图 | | | 图号 | HT-22-107 |
| 审核 | | | 材料 | CAD集训中心 |

| 项目六 | 钣金与焊接绘图训练 | | 图号 | HT-22-108 |

技术要求
1. 焊接前必须彻底清除坡口面。
2. 坡口角度为30°，钝边0.5。

3	直管	1	Q235A	
2	弯头	1	Q235A	
1	法兰	1	Q235A	
序号	名称	数量	材料	备注

弯管接头

| 制图 | | 图号 | HT-22-108 |
| 审核 | | 材料 | |

CAD集训中心

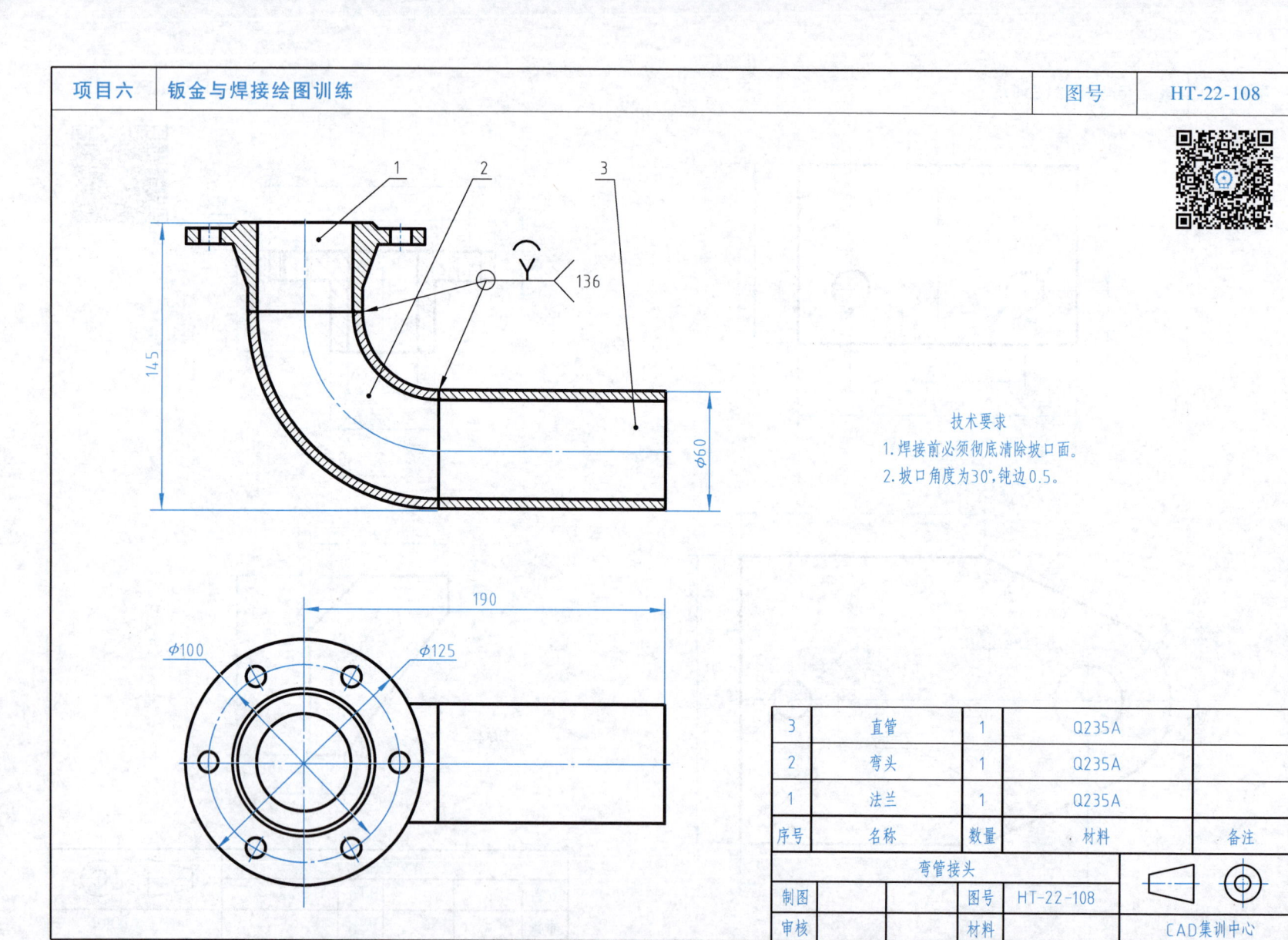

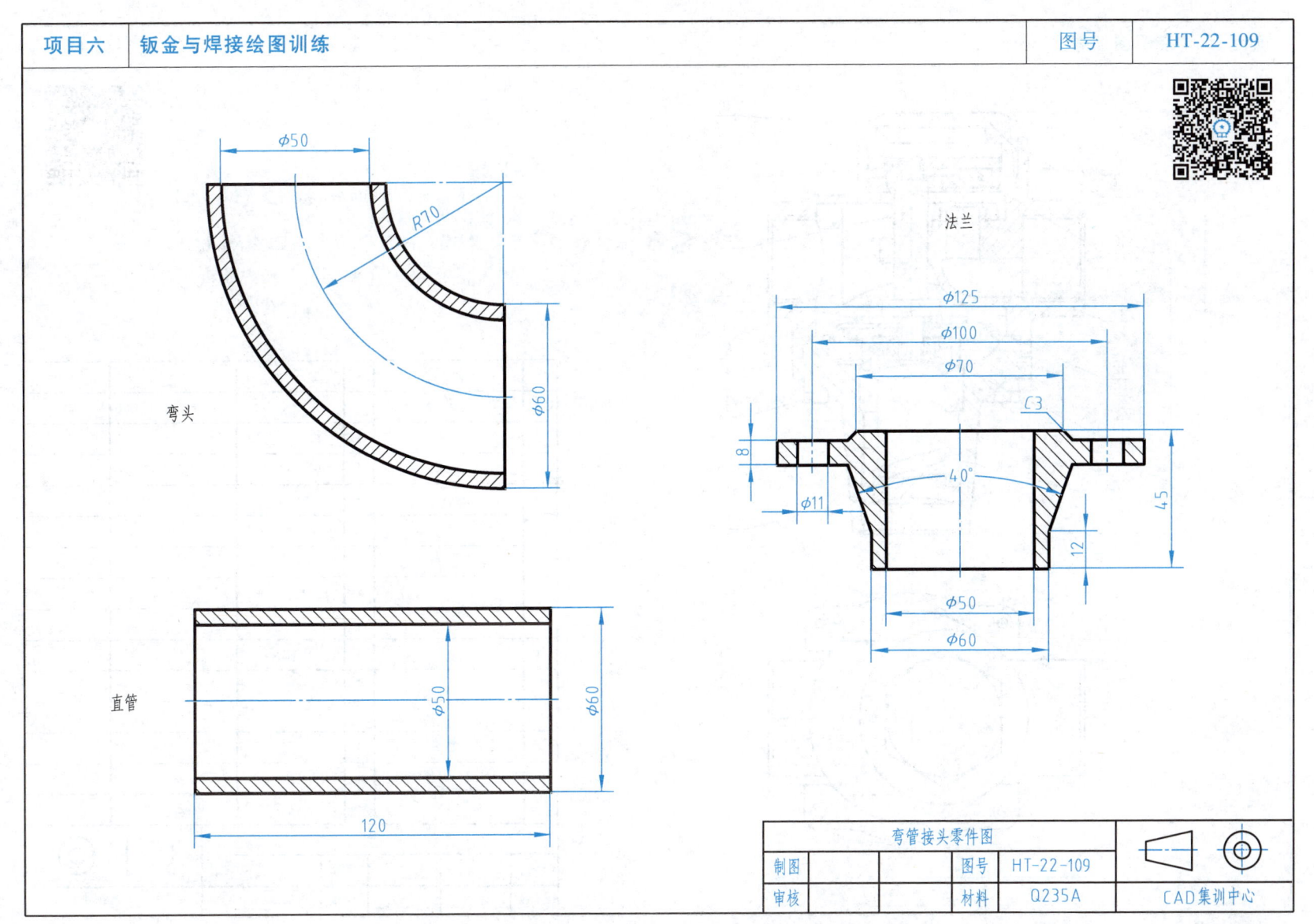

项目六	钣金与焊接绘图训练		图号	HT-22-109

弯头

直管

法兰

弯管接头零件图				
制图			图号	HT-22-109
审核			材料	Q235A

CAD集训中心

| 项目七 | 装配图训练 | | 图号 | HT-22-110 |

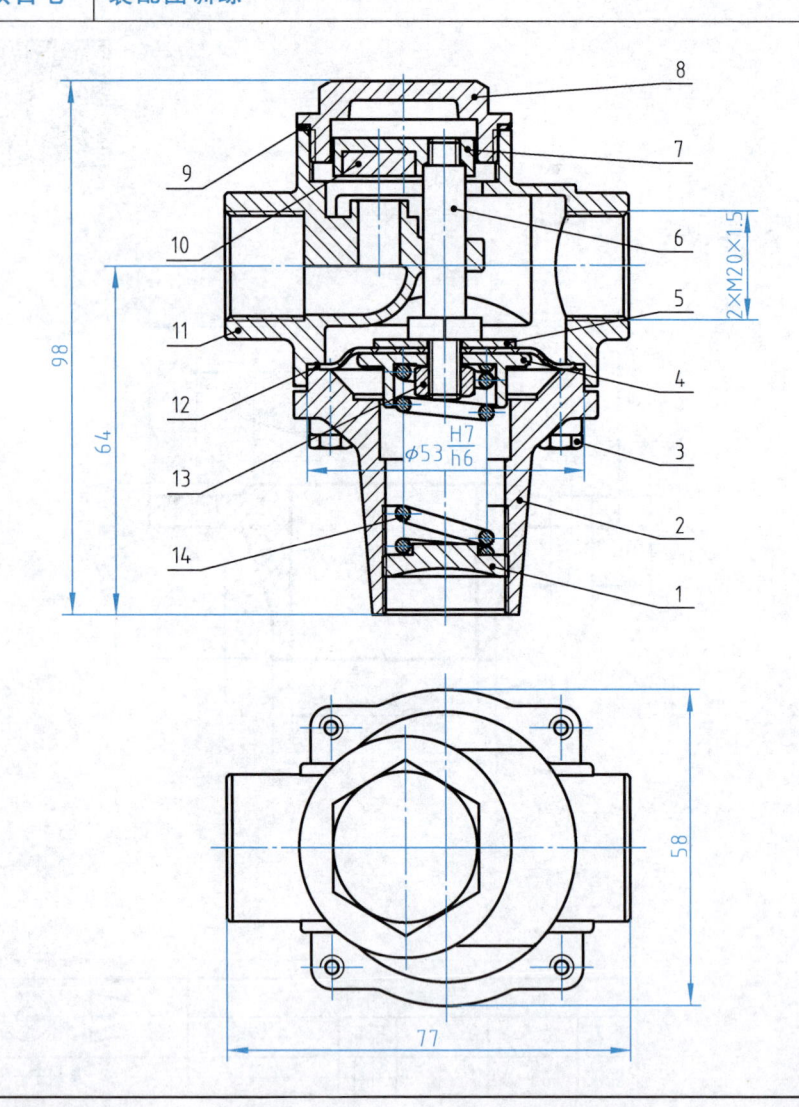

技术要求
1. 装配过程中零件不允许磕、碰、划伤和锈蚀。
2. 零件在装配前必须清理和清洗干净，不得有毛刺、飞边、氧化皮、锈蚀、切屑、油污、着色剂和灰尘等。
3. 组装前严格检查并清除零件加工时残留的锐角、毛刺和异物，保证密封件装入时不被擦伤。

14	弹簧	1	65Mn	
13	六角螺母M6	1	25	GB/T6175—2016
12	膜片	1	QSn7-0.2	
11	阀体	1	H62	
10	密封垫	1	聚四氟乙烯	
9	密封圈	1	FKM2311Q	
8	上端盖	1	H62	
7	压板	1	H62	
6	滑杆	1	H62	
5	垫片	1	H62	
4	压紧环	1	H62	
3	六角头螺栓 M4×16	4	35	GB/T 5783—2016
2	下端盖	1	H62	
1	调压螺钉	1	H62	
序号	名称	数量	材料	标准	备注

减压阀

| 制图 | | | 图号 | HT-22-110 |
| 审核 | | | 材料 | |

CAD集训中心

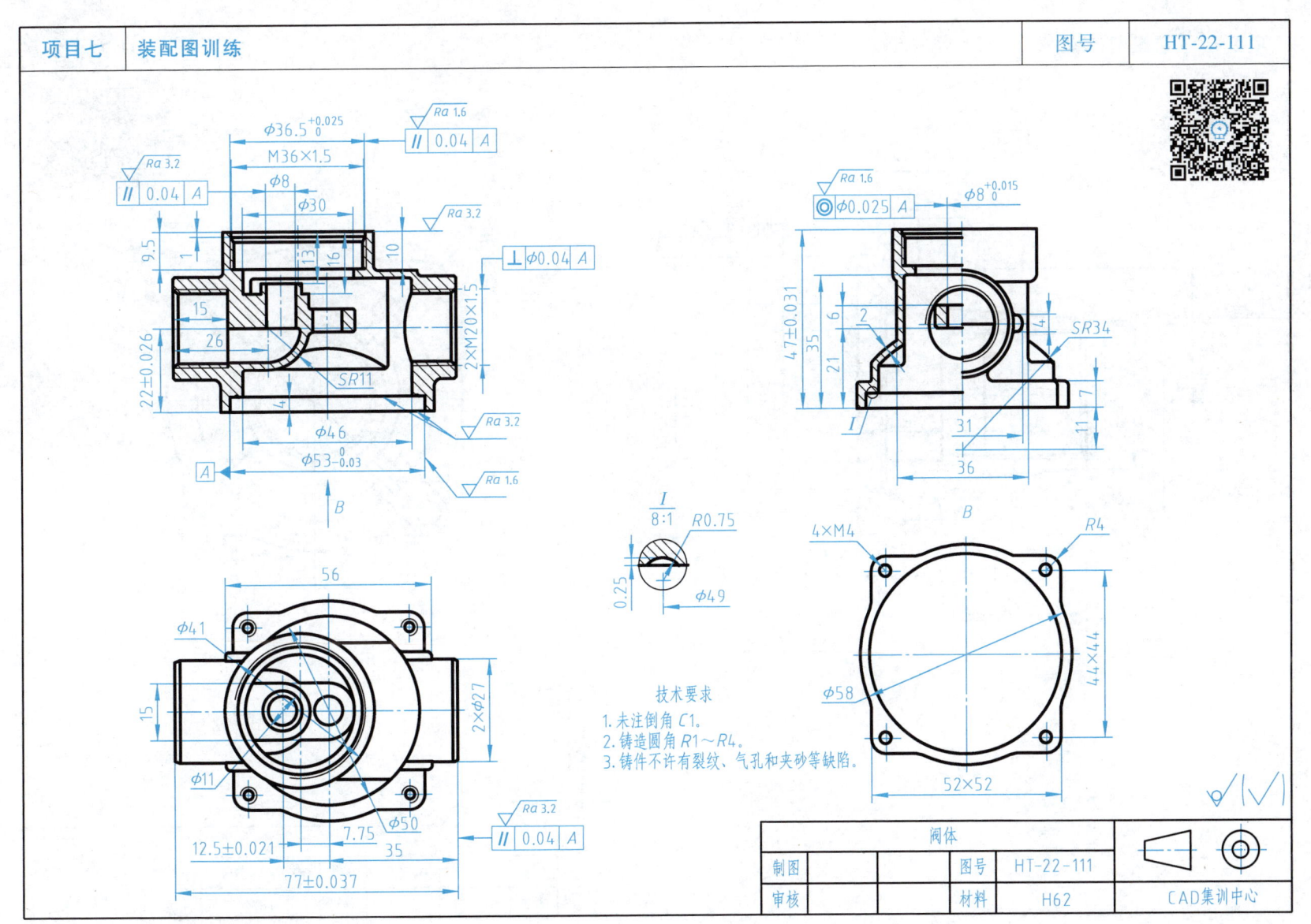

技术要求

1. 未注倒角 C1。
2. 铸造圆角 R1～R4。
3. 铸件不许有裂纹、气孔和夹砂等缺陷。

阀体				
制图			图号	HT-22-111
审核			材料	H62

CAD集训中心

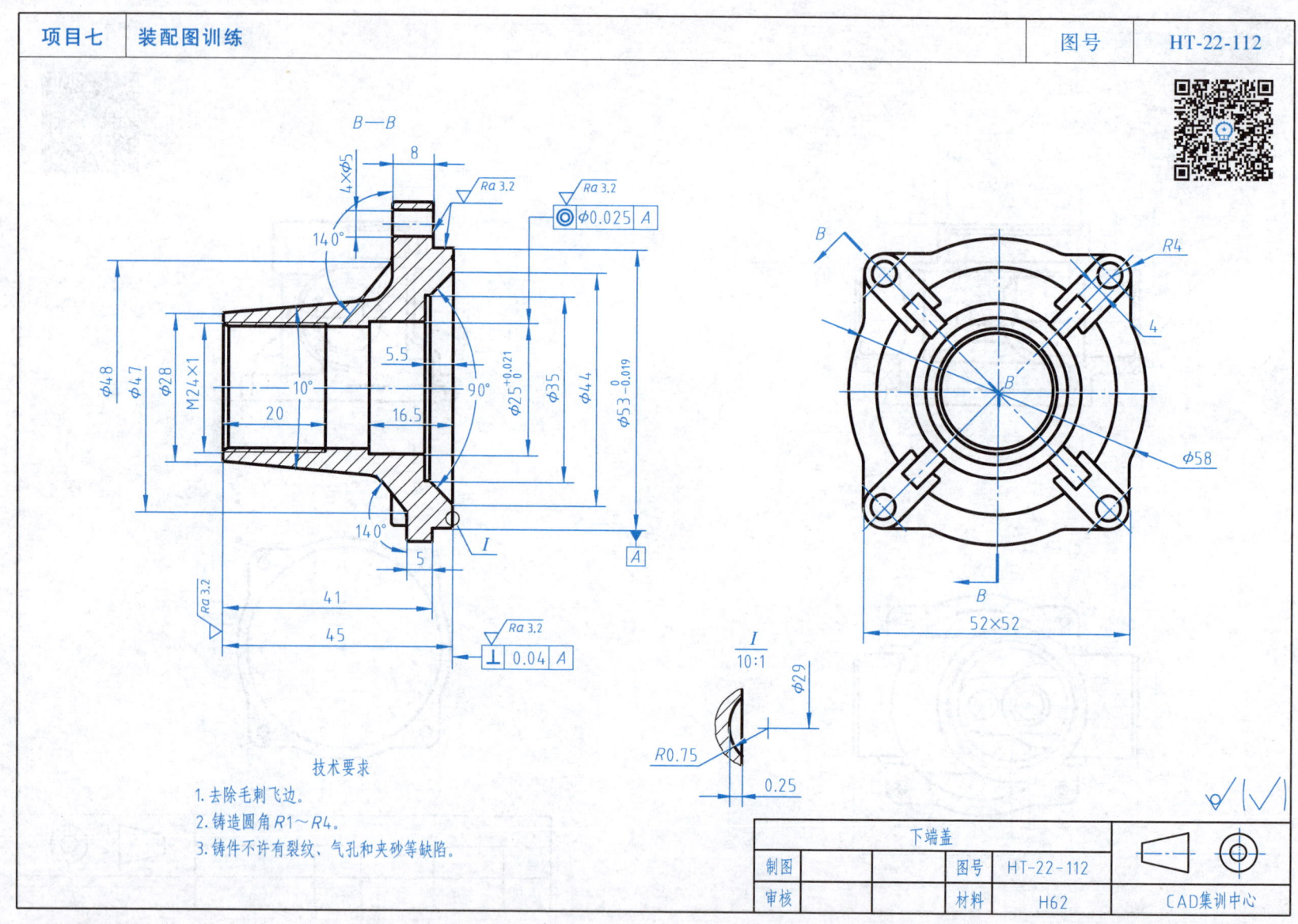

| 项目七 | 装配图训练 | | 图号 | HT-22-112 |

技术要求
1. 去除毛刺飞边。
2. 铸造圆角 R1~R4。
3. 铸件不许有裂纹、气孔和夹砂等缺陷。

		下端盖	
制图		图号	HT-22-112
审核		材料	H62

CAD集训中心

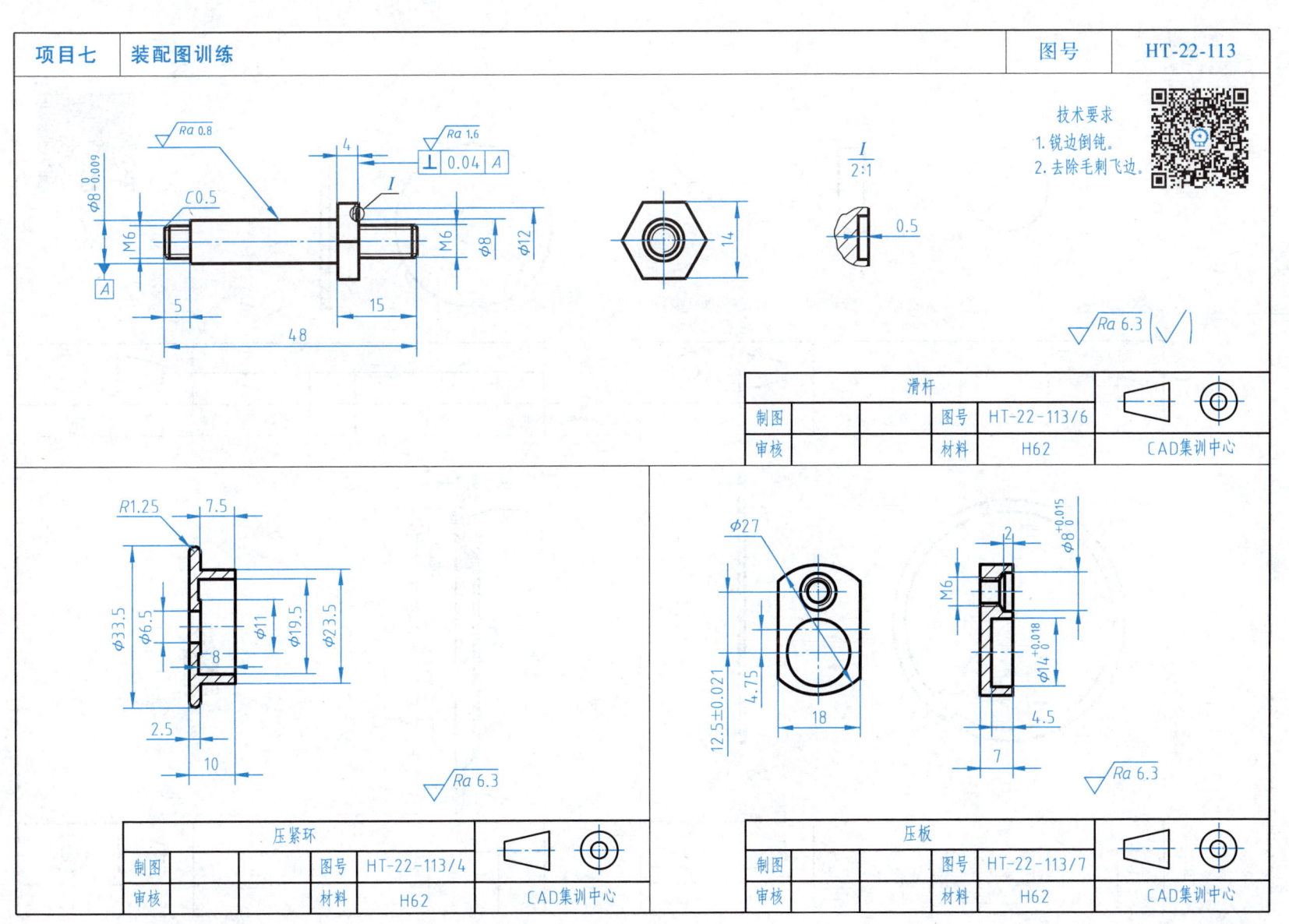

项目七　装配图训练　　　　　　　　　图号　HT-22-113

技术要求
1. 锐边倒钝。
2. 去除毛刺飞边。

	滑杆		
制图		图号	HT-22-113/6
审核		材料	H62
			CAD集训中心

	压紧环		
制图		图号	HT-22-113/4
审核		材料	H62
			CAD集训中心

	压板		
制图		图号	HT-22-113/7
审核		材料	H62
			CAD集训中心

·113·

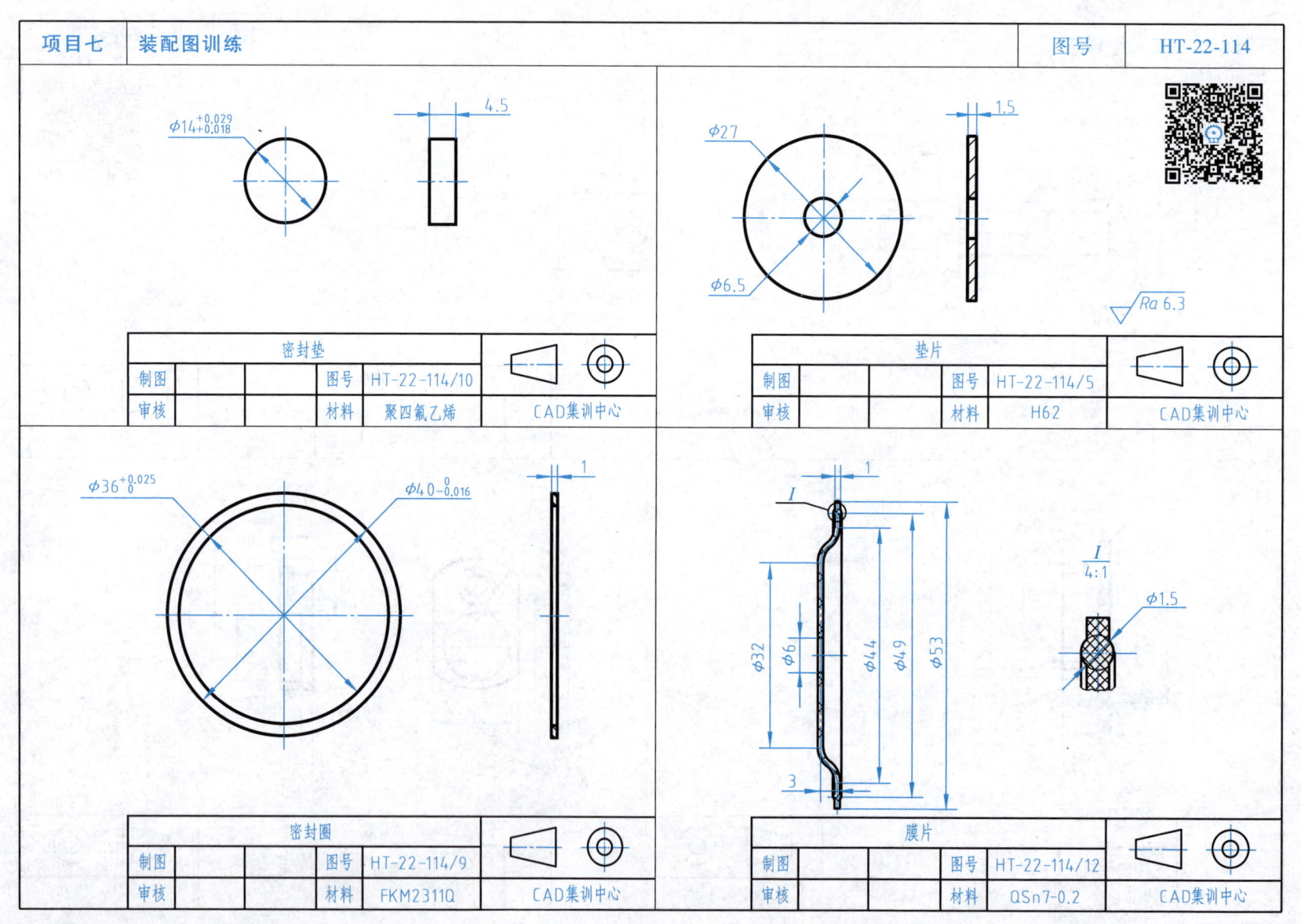

| 项目七 | 装配图训练 | | 图号 | HT-22-114 |

密封垫

$\phi 14^{+0.029}_{+0.018}$, 4.5

| 制图 | | | 图号 | HT-22-114/10 |
| 审核 | | | 材料 | 聚四氟乙烯 |

CAD集训中心

垫片

$\phi 27$, $\phi 6.5$, 1.5

$\sqrt{Ra\,6.3}$

| 制图 | | | 图号 | HT-22-114/5 |
| 审核 | | | 材料 | H62 |

CAD集训中心

密封圈

$\phi 36^{+0.025}_{0}$, $\phi 40^{0}_{-0.016}$, 1

| 制图 | | | 图号 | HT-22-114/9 |
| 审核 | | | 材料 | FKM2311Q |

CAD集训中心

膜片

1, $\phi 32$, $\phi 6$, $\phi 44$, $\phi 49$, $\phi 53$, 3

I 4:1, $\phi 1.5$

| 制图 | | | 图号 | HT-22-114/12 |
| 审核 | | | 材料 | QSn7-0.2 |

CAD集训中心

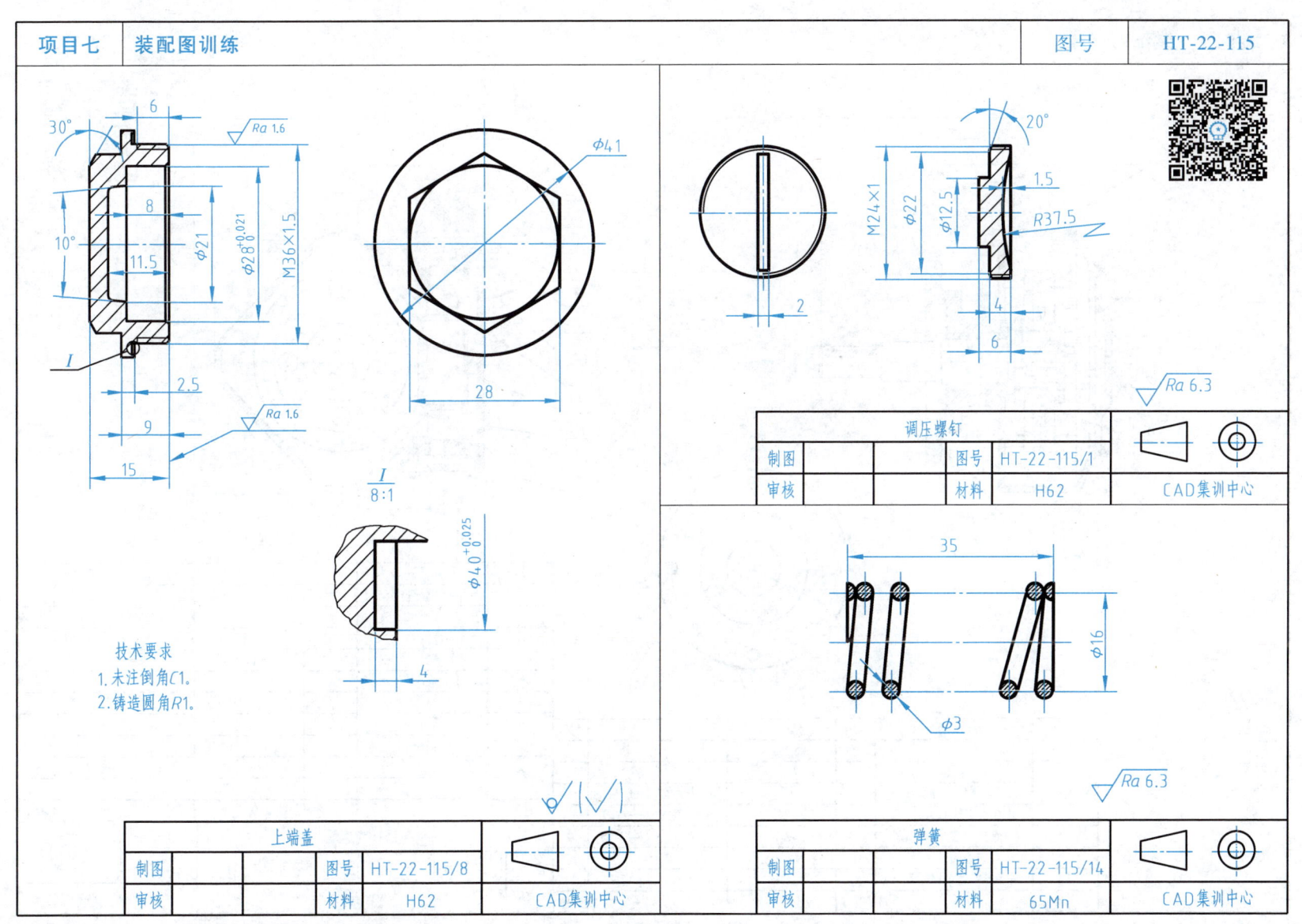

| 项目七 | 装配图训练 | | 图号 | HT-22-115 |

技术要求
1. 未注倒角C1。
2. 铸造圆角R1。

I 8:1

调压螺钉				
制图		图号	HT-22-115/1	
审核		材料	H62	CAD集训中心

上端盖				
制图		图号	HT-22-115/8	
审核		材料	H62	CAD集训中心

弹簧				
制图		图号	HT-22-115/14	
审核		材料	65Mn	CAD集训中心

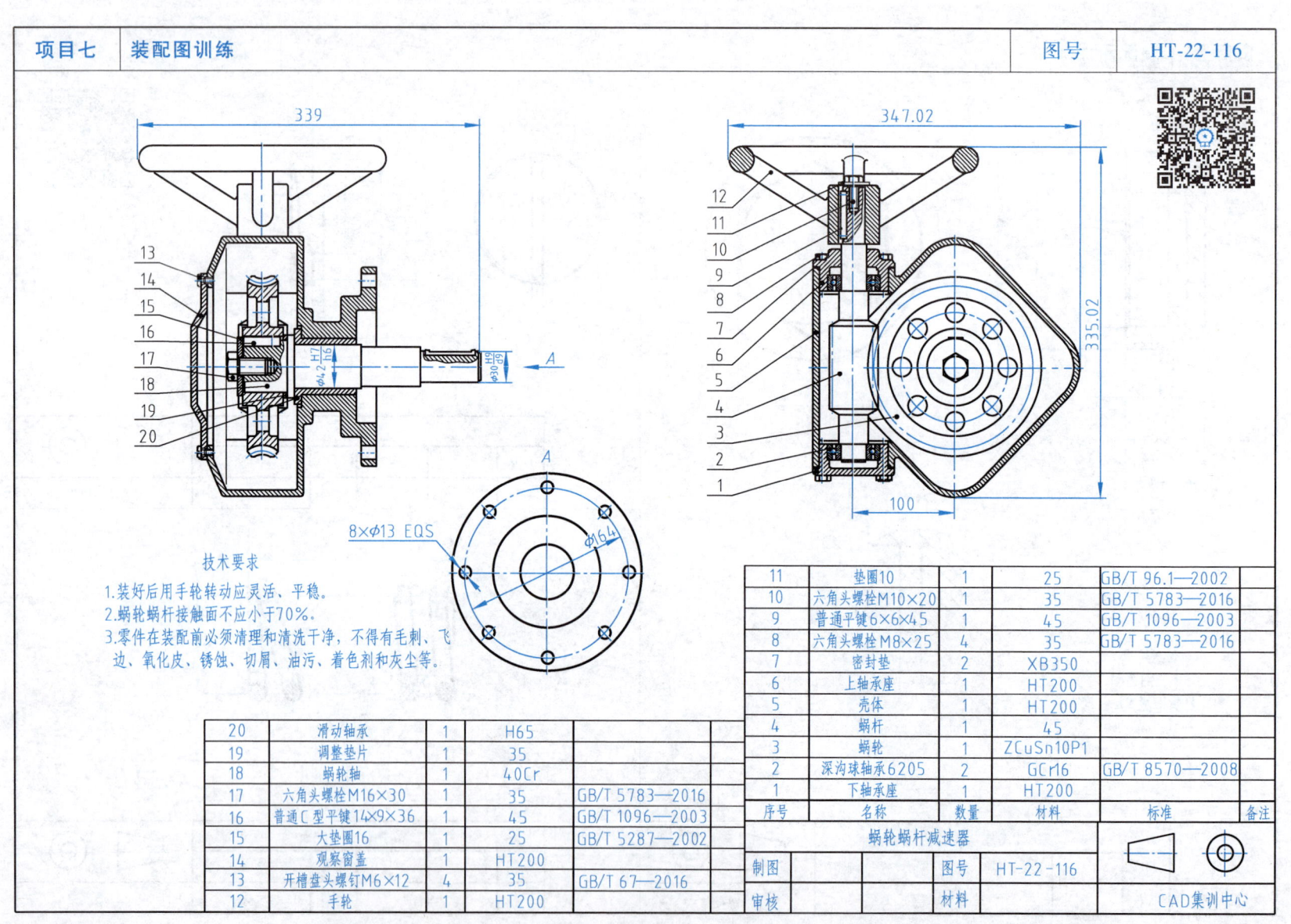

项目七 装配图训练

图号: HT-22-116

技术要求
1. 装好后用手轮转动应灵活、平稳。
2. 蜗轮蜗杆接触面不应小于70%。
3. 零件在装配前必须清理和清洗干净，不得有毛刺、飞边、氧化皮、锈蚀、切屑、油污、着色剂和灰尘等。

20	滑动轴承	1	H65	
19	调整垫片	1	35	
18	蜗轮轴	1	40Cr	
17	六角头螺栓M16×30	1	35	GB/T 5783—2016
16	普通C型平键14×9×36	1	45	GB/T 1096—2003
15	大垫圈16	1	25	GB/T 5287—2002
14	观察窗盖	1	HT200	
13	开槽盘头螺钉M6×12	4	35	GB/T 67—2016
12	手轮	1	HT200	
11	垫圈10	1	25	GB/T 96.1—2002
10	六角头螺栓M10×20	1	35	GB/T 5783—2016
9	普通平键6×6×45	1	45	GB/T 1096—2003
8	六角头螺栓M8×25	4	35	GB/T 5783—2016
7	密封垫	2	XB350	
6	上轴承座	1	HT200	
5	壳体	1	HT200	
4	蜗杆	1	45	
3	蜗轮	1	ZCuSn10P1	
2	深沟球轴承6205	2	GCr16	GB/T 8570—2008
1	下轴承座	1	HT200	
序号	名称	数量	材料	标准	备注

蜗轮蜗杆减速器

制图 — 图号 HT-22-116
审核 — 材料 —

CAD集训中心

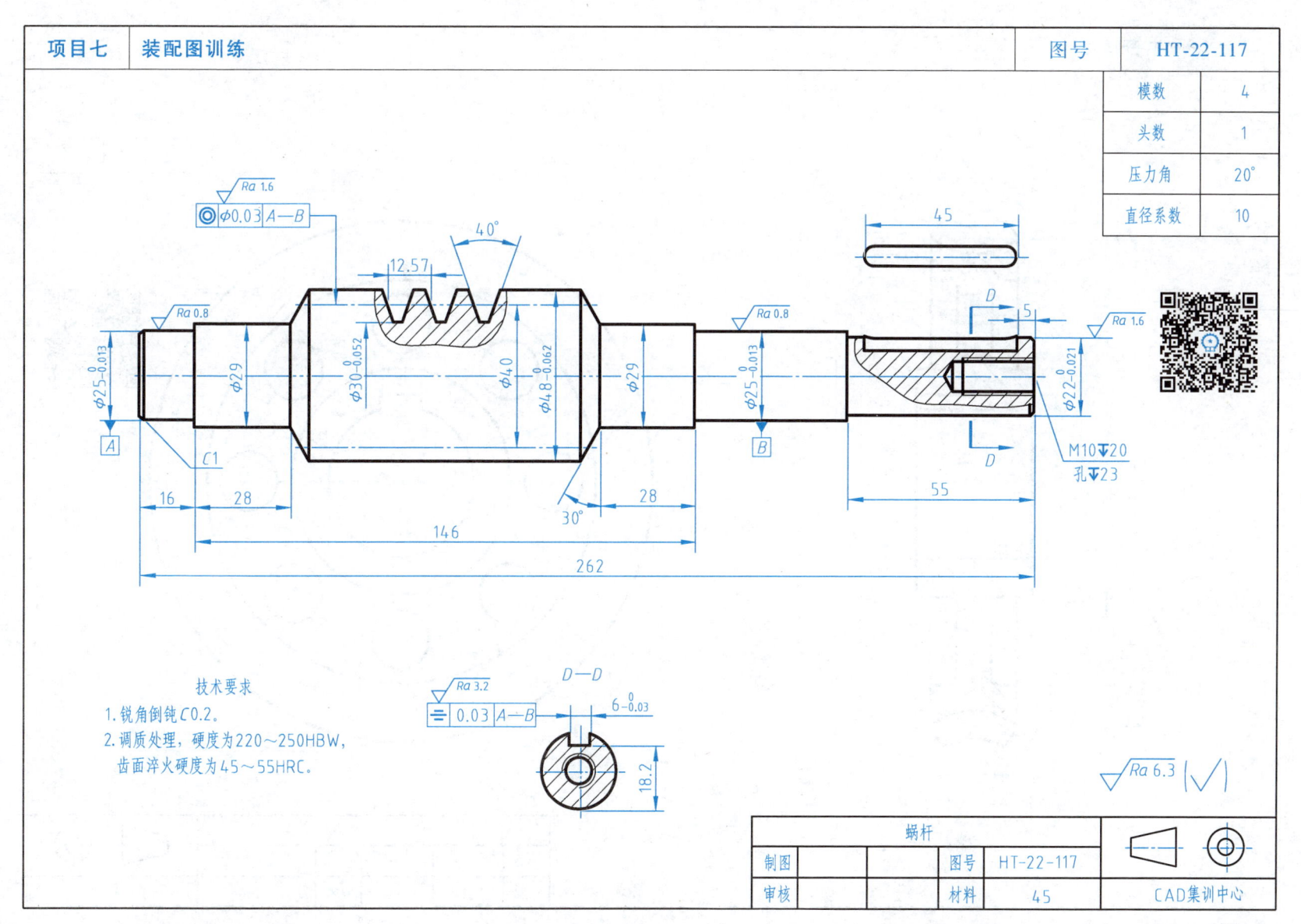

| 项目七 | 装配图训练 | 图号 | HT-22-117 |

模数	4
头数	1
压力角	20°
直径系数	10

技术要求
1. 锐角倒钝C0.2。
2. 调质处理，硬度为220～250HBW，齿面淬火硬度为45～55HRC。

	蜗杆		
制图		图号	HT-22-117
审核		材料	45

CAD集训中心

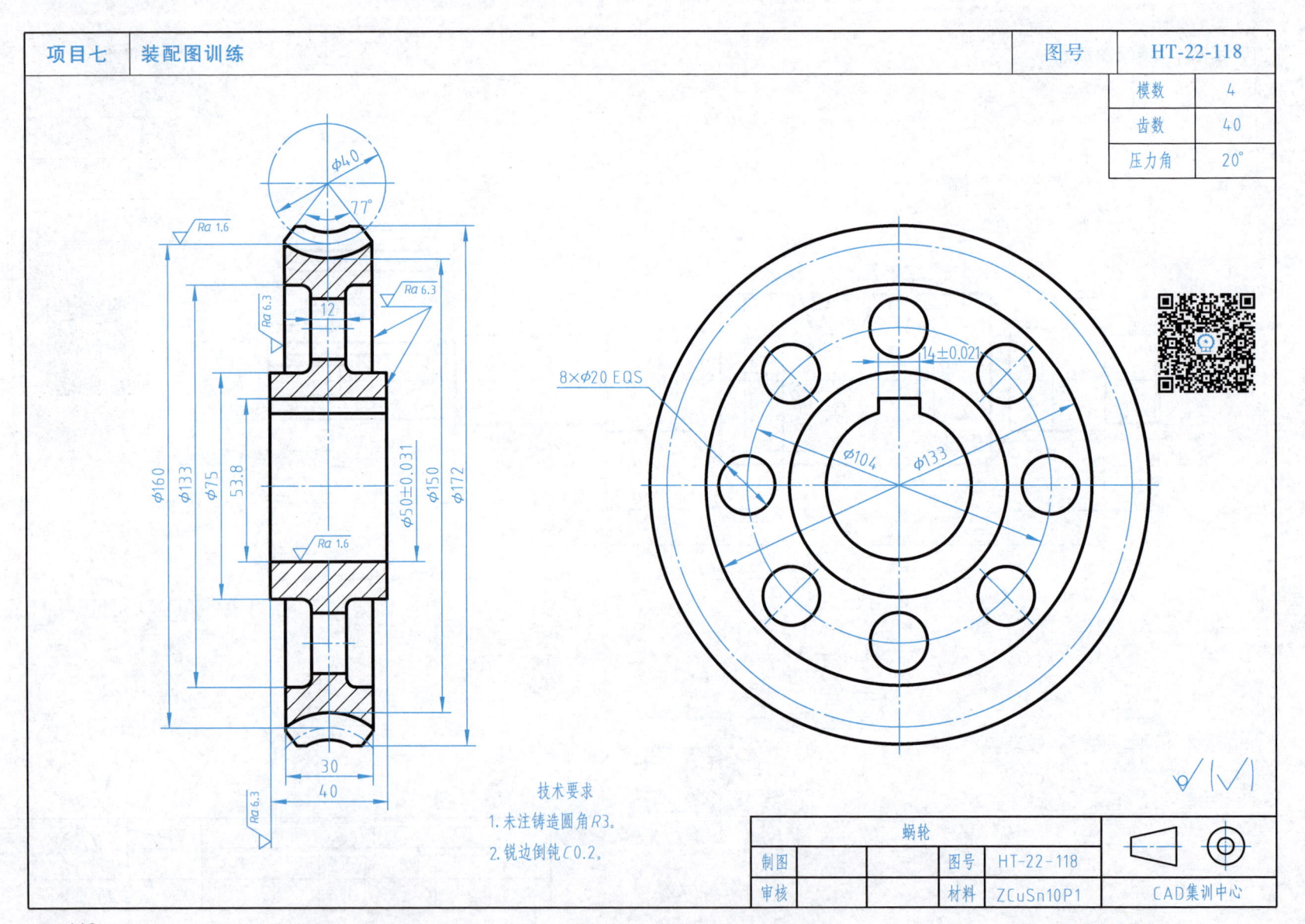

项目七	装配图训练			图号	HT-22-118

模数	4
齿数	40
压力角	20°

技术要求
1. 未注铸造圆角R3。
2. 锐边倒钝C0.2。

			蜗轮		
制图			图号	HT-22-118	
审核			材料	ZCuSn10P1	CAD集训中心

· 118 ·

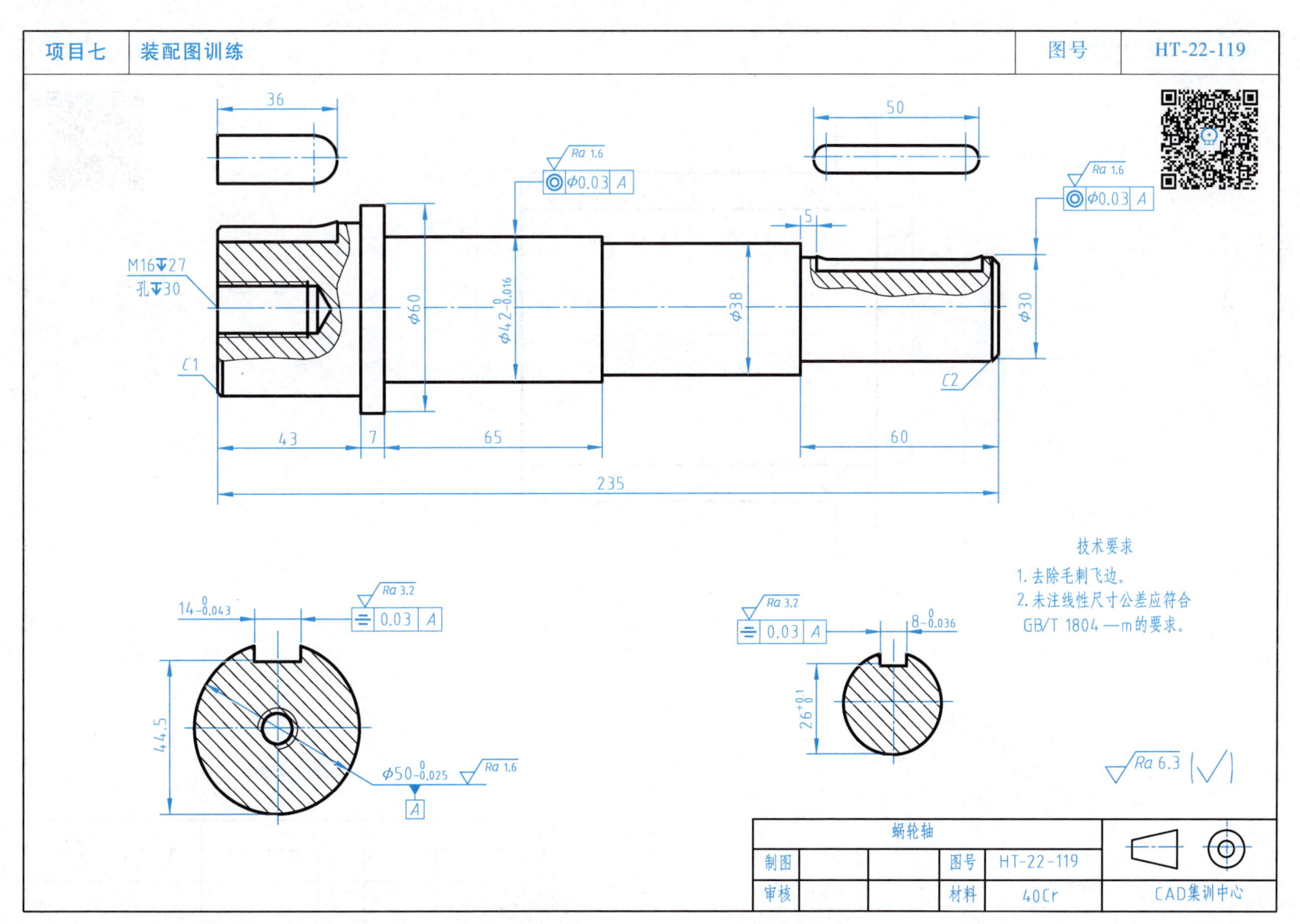

技术要求

1. 去除毛刺飞边。
2. 未注线性尺寸公差应符合 GB/T 1804—m的要求。

蜗轮轴					
制图			图号	HT-22-119	
审核			材料	40Cr	CAD集训中心

| 项目七 | 装配图训练 | | 图号 | HT-22-120 |

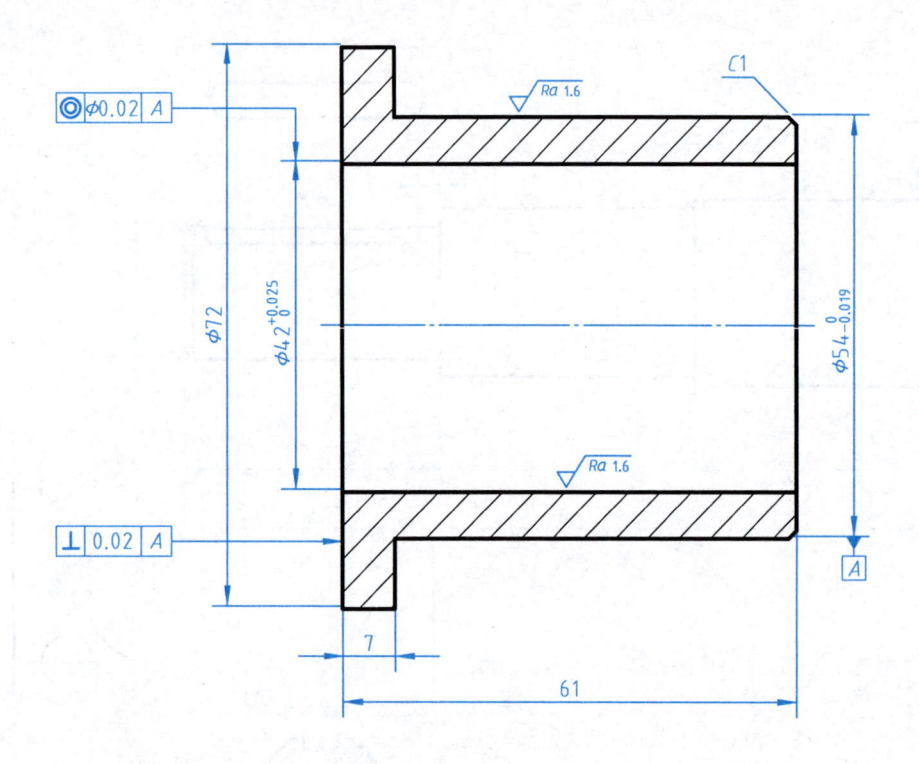

技术要求
1. 去除毛刺飞边。
2. 未注线性尺寸公差应符合GB/T 1804—m的要求。

$\sqrt{Ra\ 6.3}$ ($\sqrt{\ }$)

滑动轴承				
制图		图号	HT-22-120	
审核		材料	H65	CAD集训中心

| 项目七 | 装配图训练 | | 图号 | HT-22-121 |

技术要求
1. 去除毛刺飞边。
2. 经调质处理，硬度为28～32HRC。

$\sqrt{Ra\,6.3}$ ($\sqrt{}$)

		调整垫片		
制图		图号	HT-22-121/19	
审核		材料	35	CAD集训中心

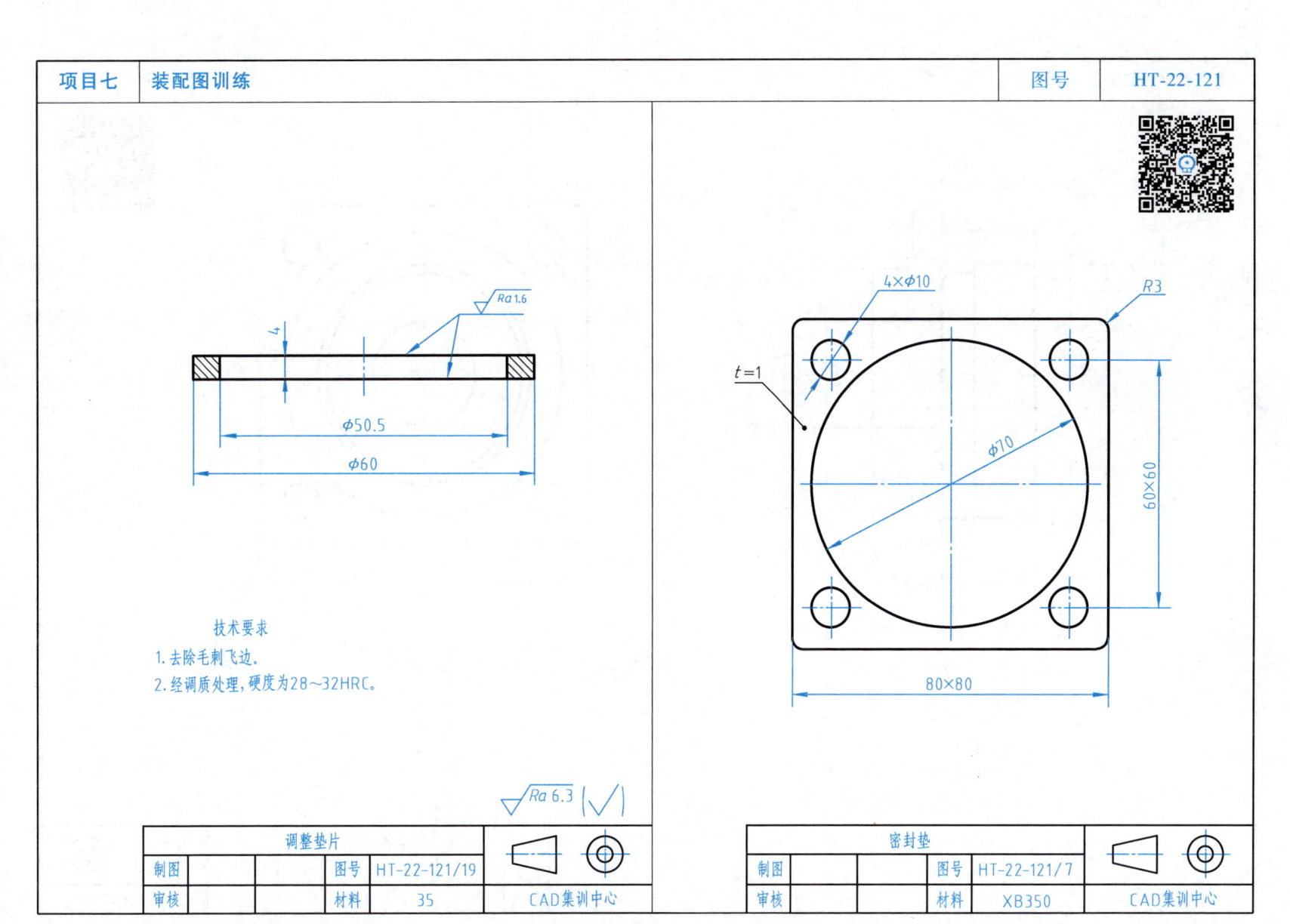

		密封垫		
制图		图号	HT-22-121/7	
审核		材料	XB350	CAD集训中心

| 项目七 | 装配图训练 | | 图号 | HT-22-122 |

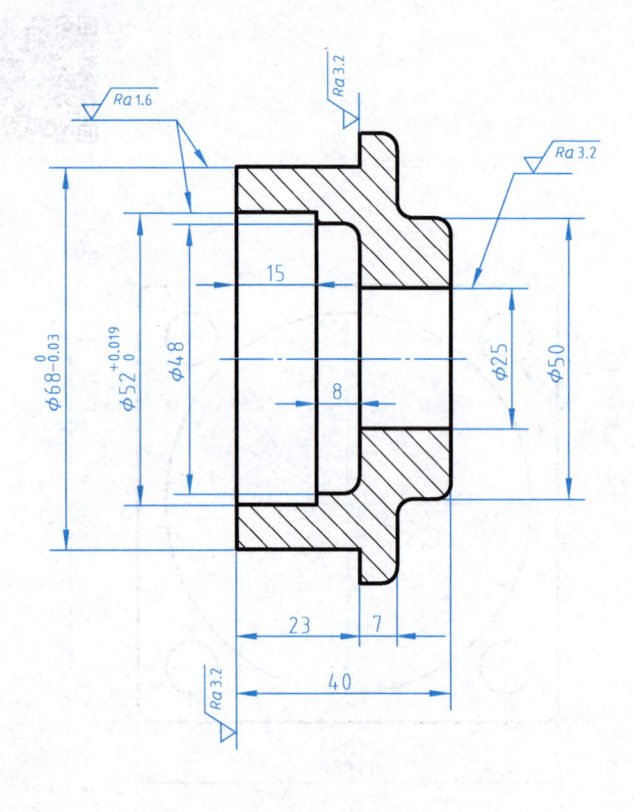

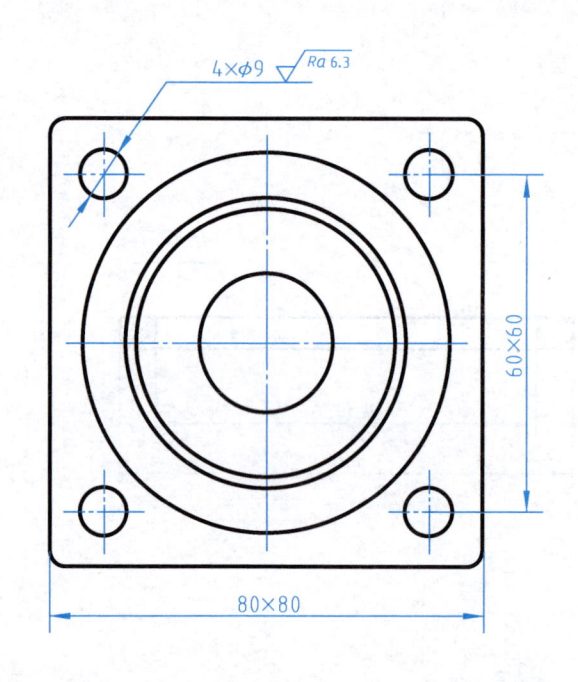

技术要求
1. 未注铸造圆角R3。
2. 铸件不许有裂纹、气孔和疏松等缺陷。

		上轴承座		
制图		图号	HT-22-122	
审核		材料	HT200	CAD集训中心

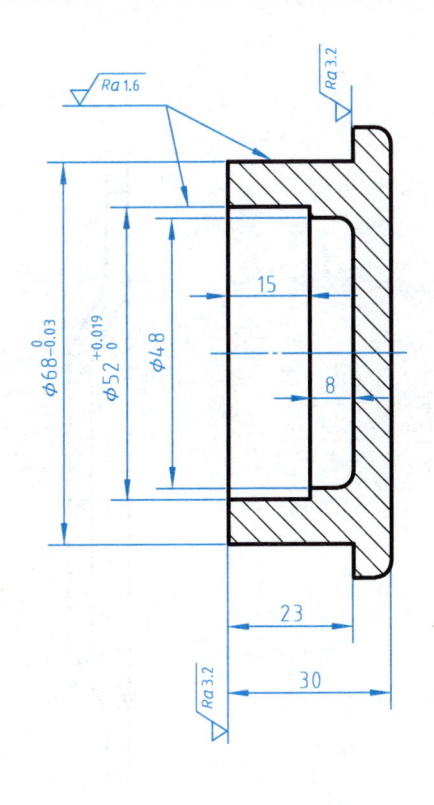

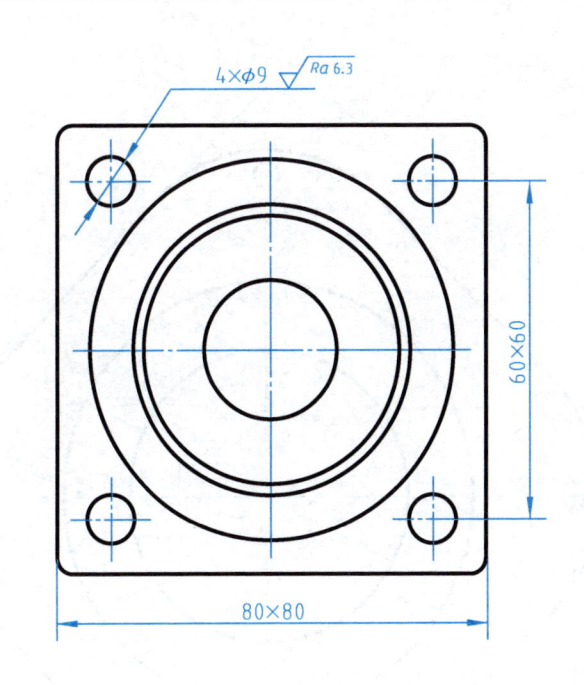

项目七	装配图训练		图号	HT-22-123

技术要求
1. 未注铸造圆角R3。
2. 铸件不许有裂纹、气孔和疏松等缺陷。

			下轴承座	
制图			图号	HT-22-123
审核			材料	HT200

CAD集训中心

项目七	装配图训练		图号	HT-22-124

技术要求
1. 未注铸造圆角R3。
2. 铸件不许有裂纹、气孔和疏松等缺陷。

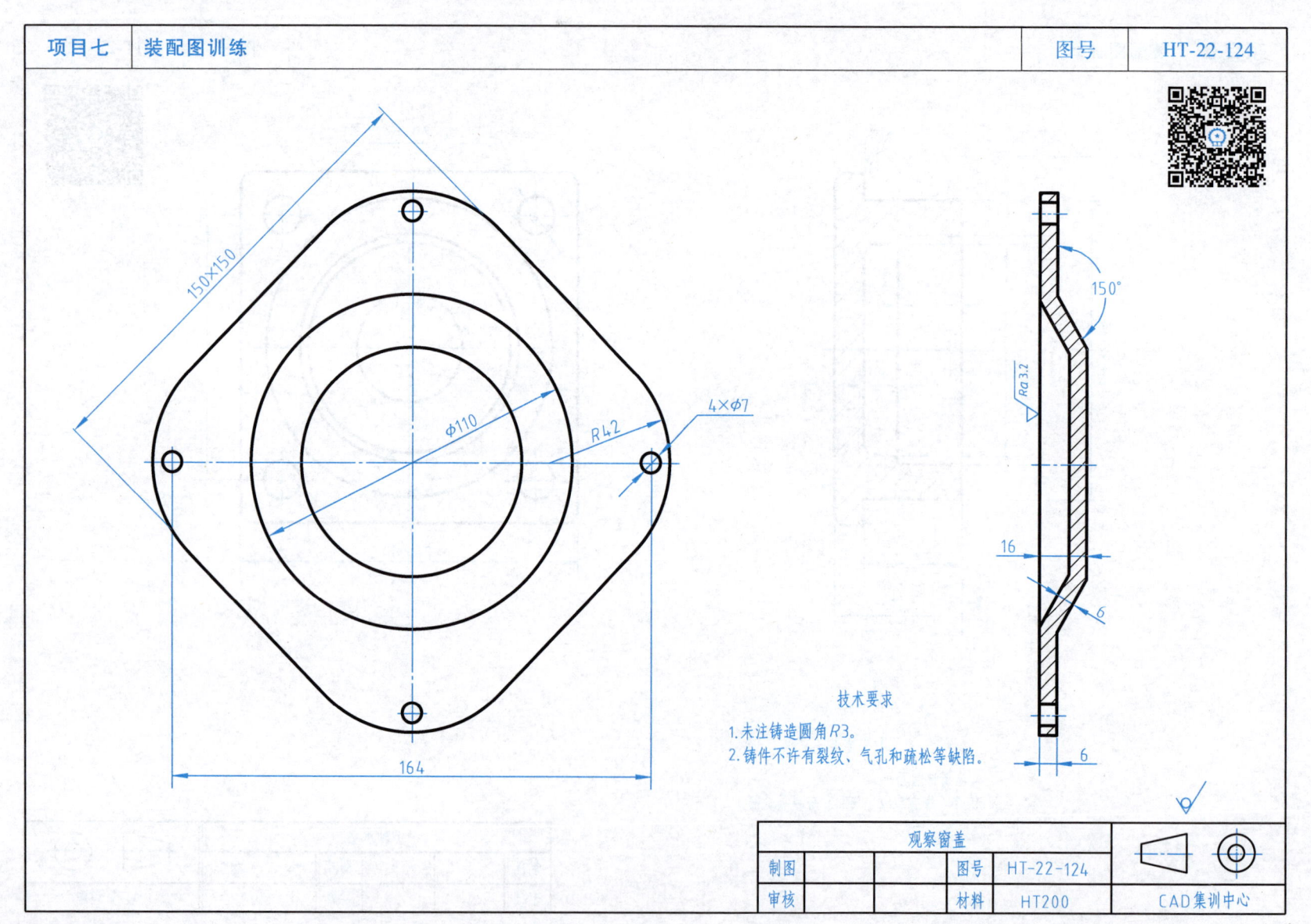

		观察窗盖		
制图		图号	HT-22-124	
审核		材料	HT200	CAD集训中心

| 项目七 | 装配图训练 | | 图号 | HT-22-125 |

技术要求
1. 未注铸造圆角R3。
2. 去除毛刺飞边。
3. 铸件不许有裂纹、气孔和疏松等缺陷。

		壳体		
制图			图号	HT-22-125
审核			材料	HT200

CAD集训中心

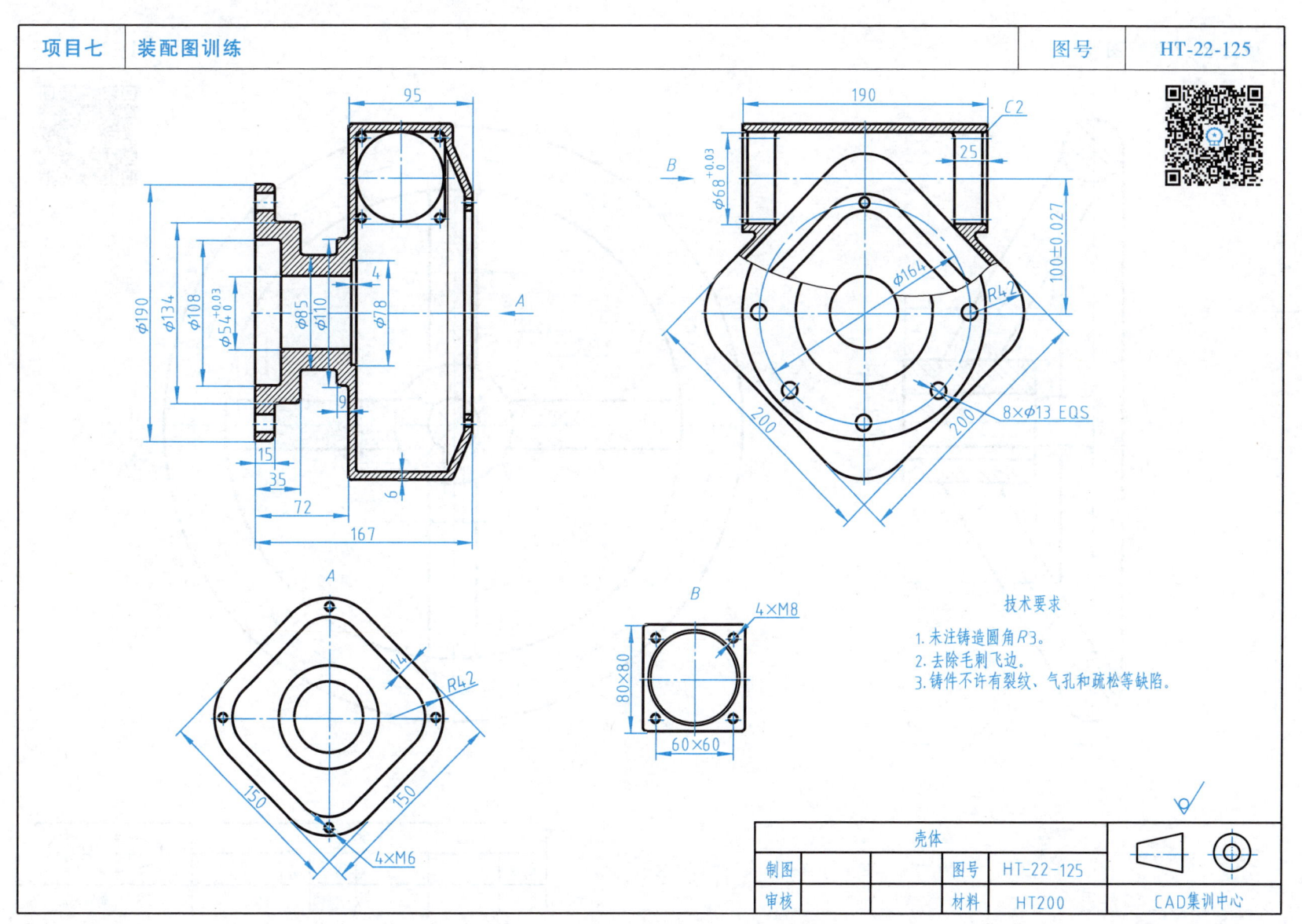

| 项目七 | 装配图训练 | | 图号 | HT-22-126 |

技术要求
1. 未注铸造圆角R3。
2. 铸件不许有裂纹、气孔和疏松等缺陷。

	手轮		
制图		图号	HT-22-126
审核		材料	HT200

CAD集训中心

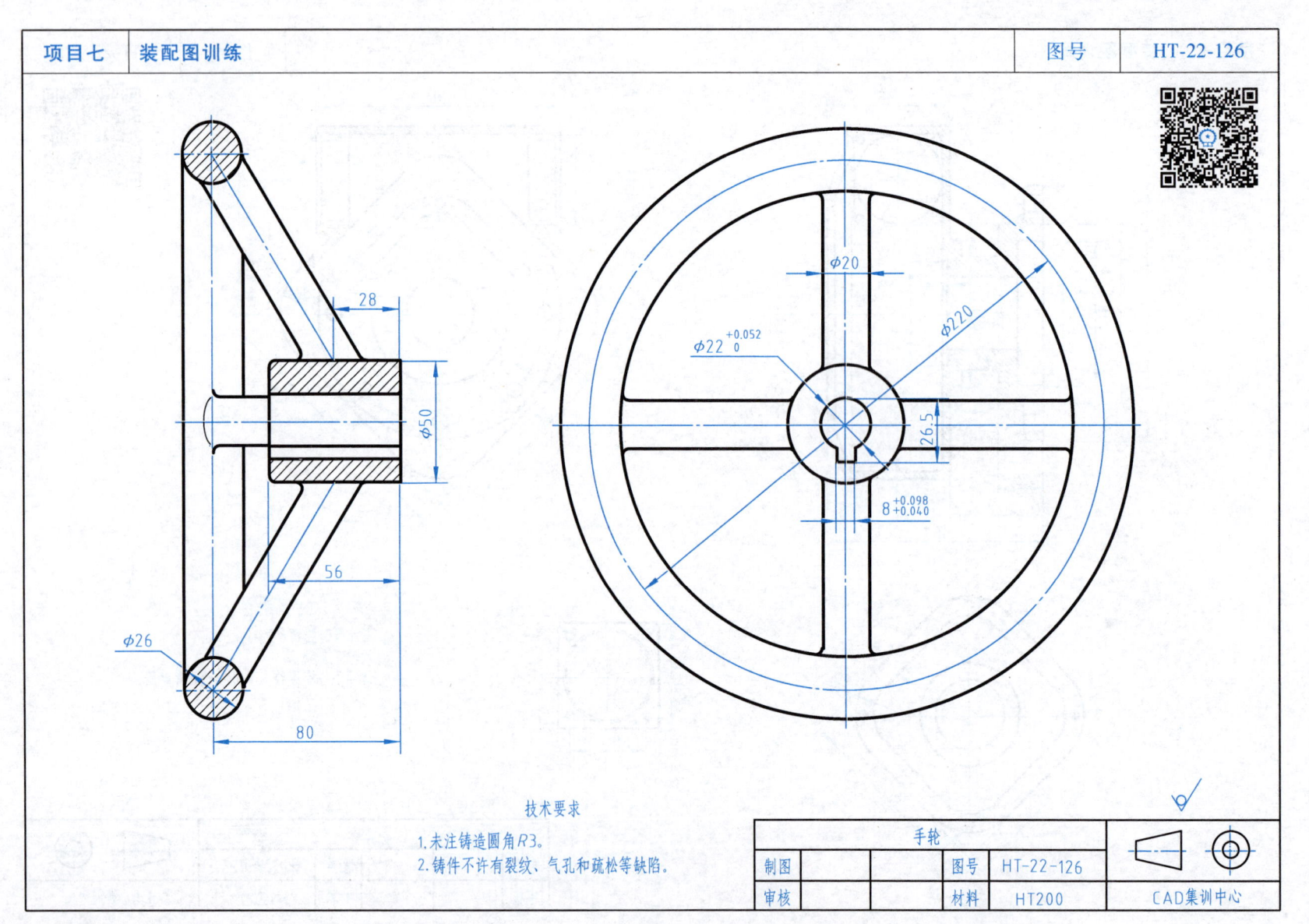

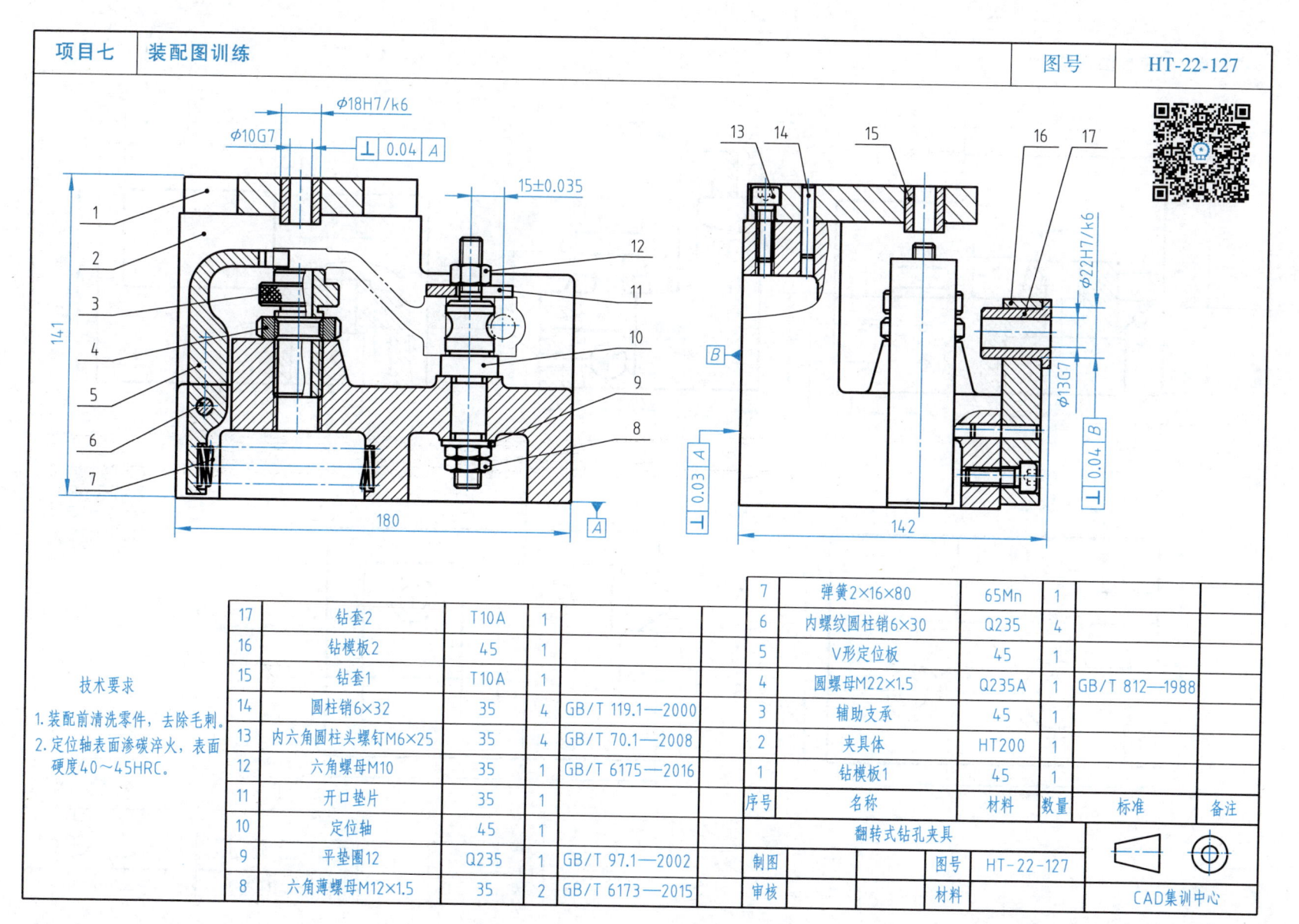

项目七　装配图训练　　图号　HT-22-127

技术要求
1. 装配前清洗零件，去除毛刺。
2. 定位轴表面渗碳淬火，表面硬度40~45HRC。

序号	名称	材料	数量	标准	备注
17	钻套2	T10A	1		
16	钻模板2	45	1		
15	钻套1	T10A	1		
14	圆柱销6×32	35	4	GB/T 119.1—2000	
13	内六角圆柱头螺钉M6×25	35	4	GB/T 70.1—2008	
12	六角螺母M10	35	1	GB/T 6175—2016	
11	开口垫片	35	1		
10	定位轴	45	1		
9	平垫圈12	Q235	1	GB/T 97.1—2002	
8	六角薄螺母M12×1.5	35	2	GB/T 6173—2015	
7	弹簧2×16×80	65Mn	1		
6	内螺纹圆柱销6×30	Q235	4		
5	V形定位板	45	1		
4	圆螺母M22×1.5	Q235A	1	GB/T 812—1988	
3	辅助支承	45	1		
2	夹具体	HT200	1		
1	钻模板1	45	1		

名称：翻转式钻孔夹具　　图号：HT-22-127

CAD集训中心

项目七　装配图训练　　　图号　HT-22-128

技术要求
1. 铸造圆角 R3。
2. 铸件不许有裂纹和气孔等缺陷。

夹具体				
制图		图号	HT-22-128	
审核		材料	HT200	CAD集训中心

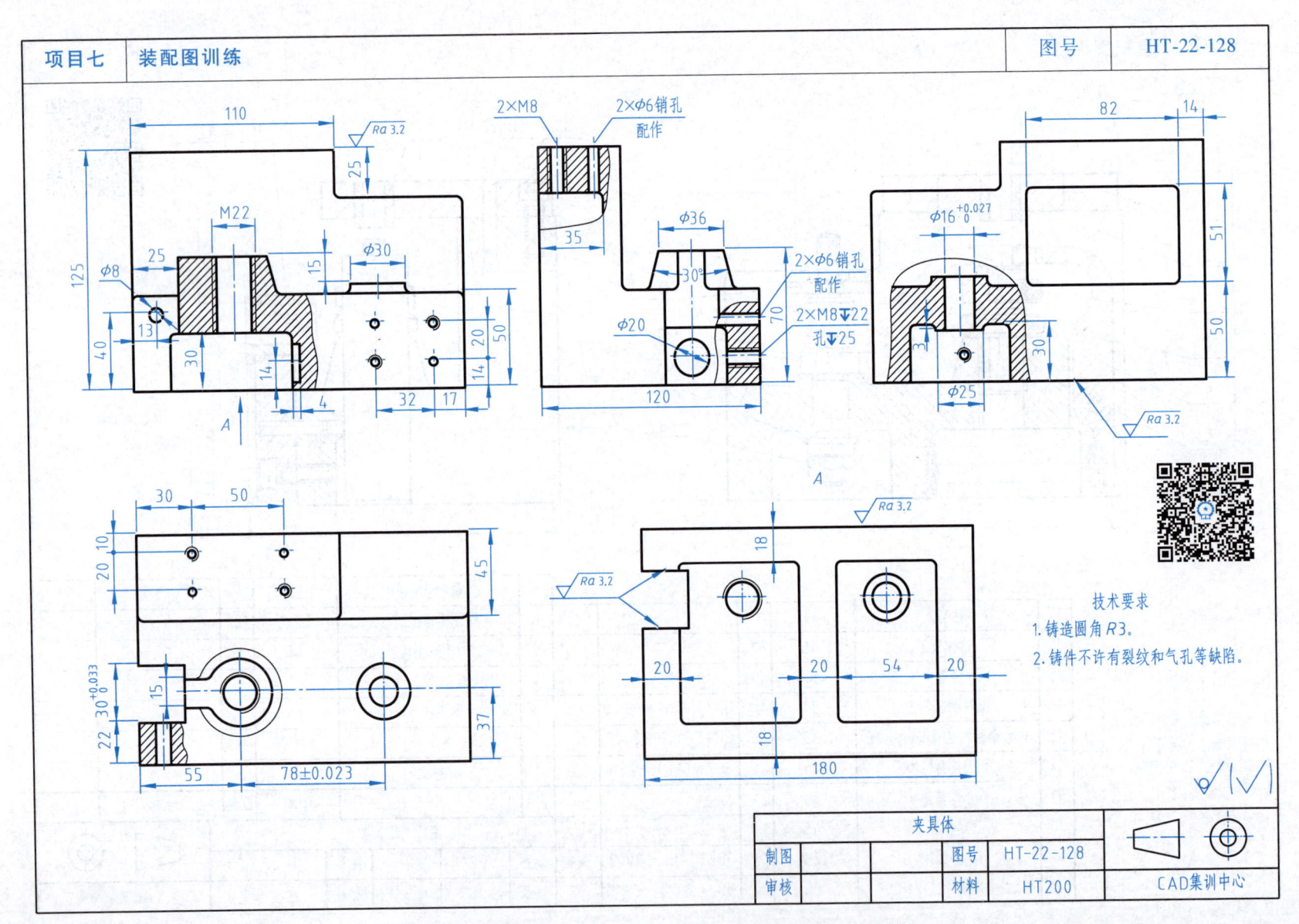

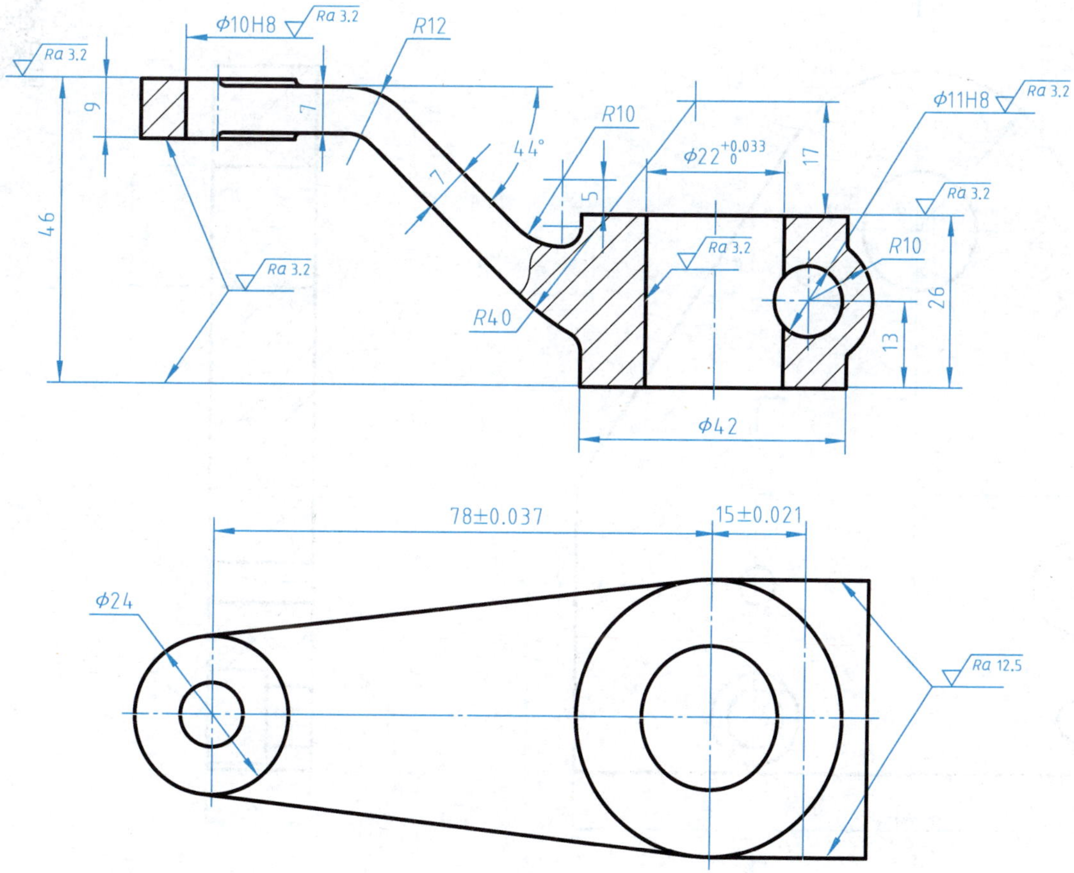

技术要求

1. 未注铸造圆角R3。
2. 去除毛刺飞边。
3. 未注线性尺寸公差应符合GB/T 1804—m的要求。

支架					
制图			图号	HT-22-129	
审核			材料	HT200	CAD集训中心

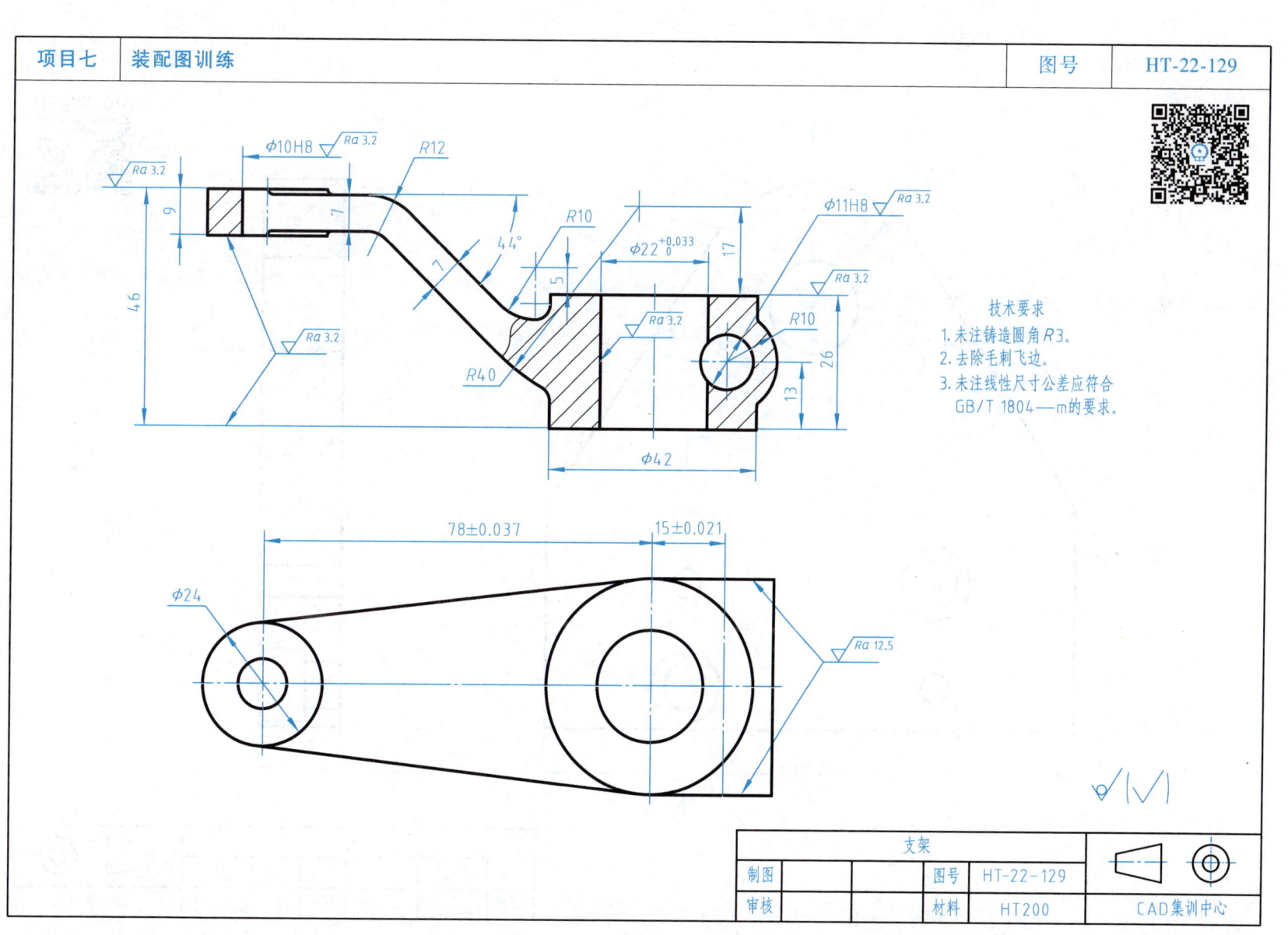

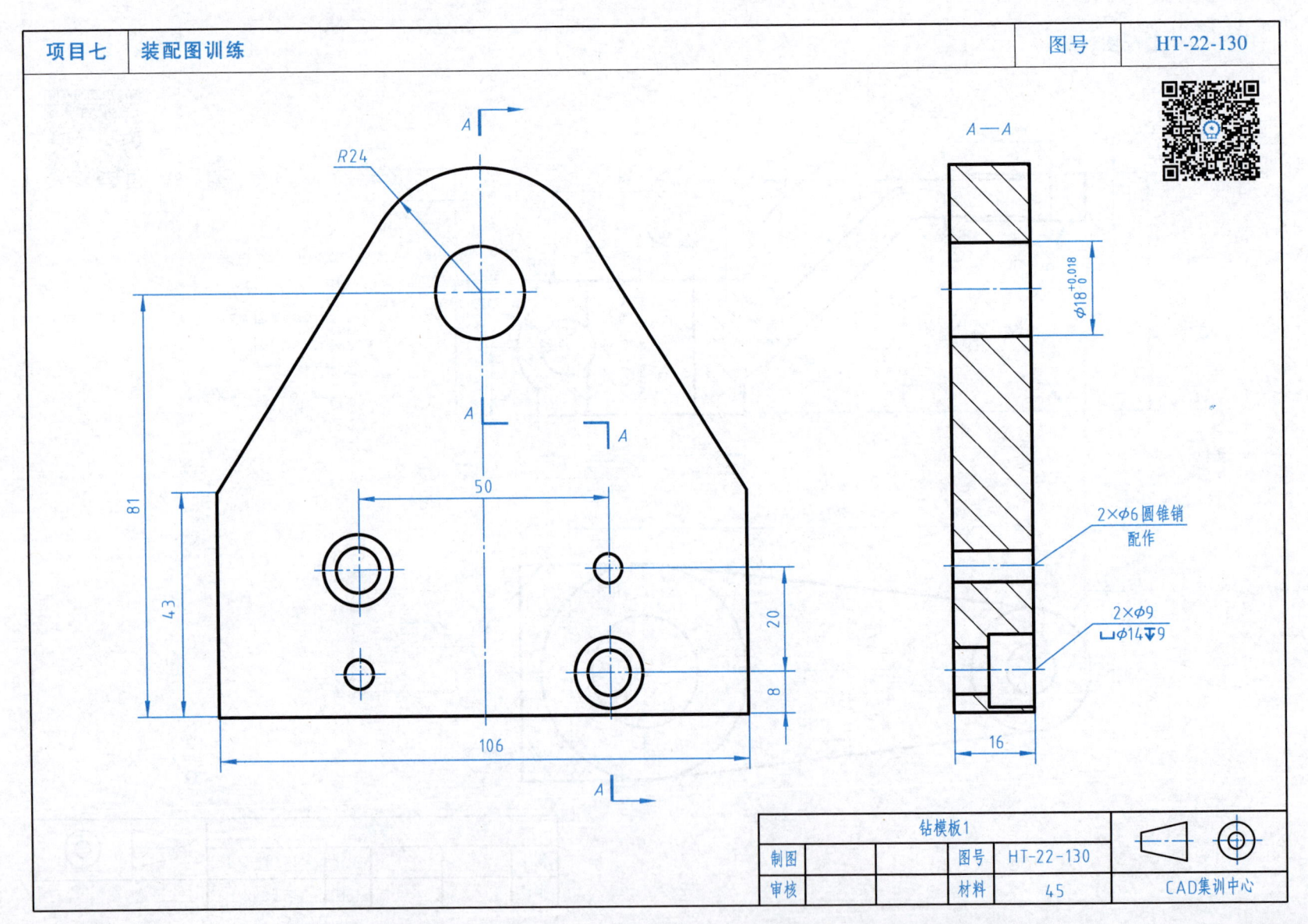

项目七 装配图训练 图号 HT-22-130

钻模板1				
制图			图号	HT-22-130
审核			材料	45

CAD集训中心

· 130 ·

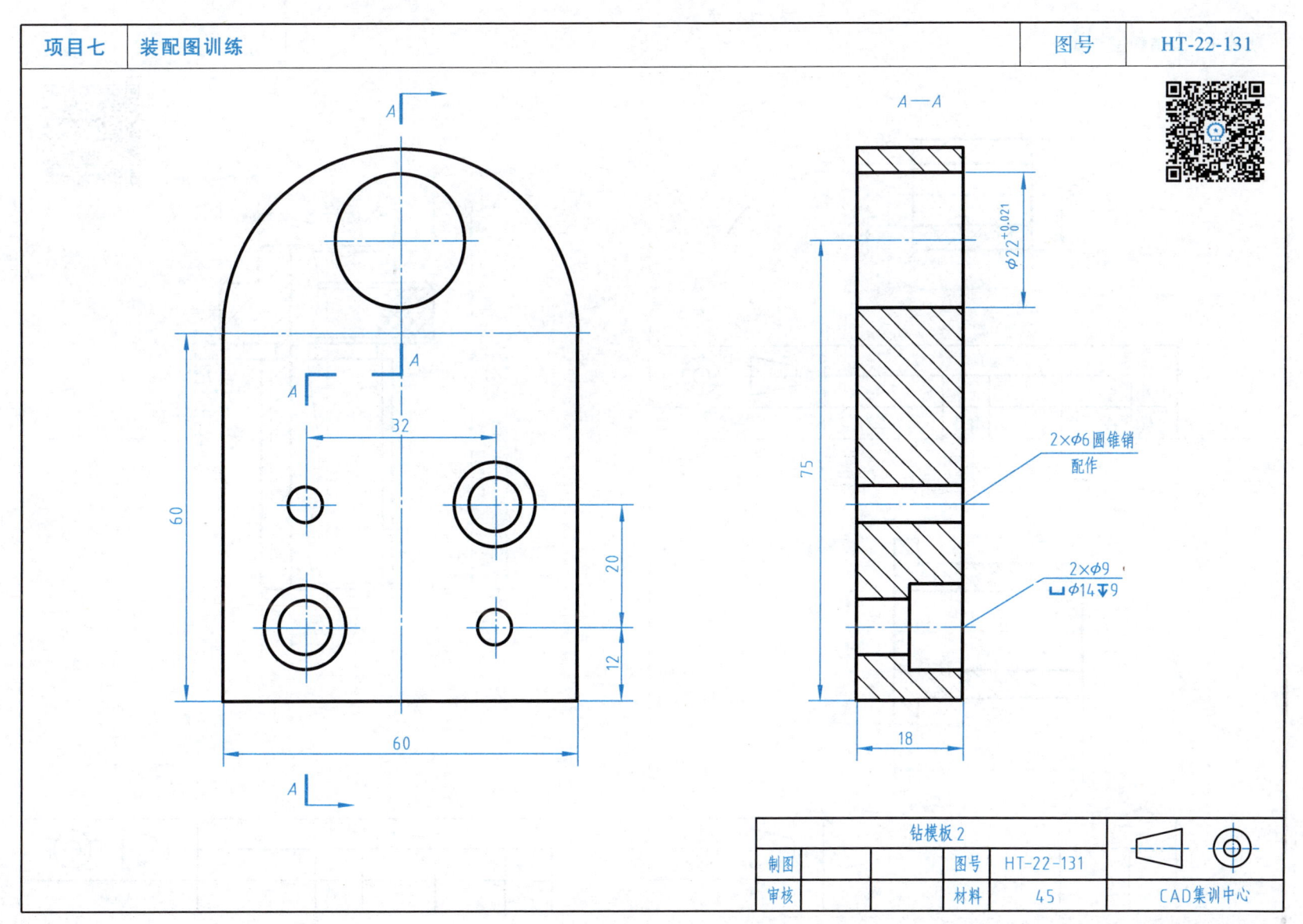

| 项目七 | 装配图训练 | | 图号 | HT-22-131 |

A—A

$\phi 22^{+0.021}_{0}$

2×φ6圆锥销
配作

75

2×φ9
⌴φ14▽9

32

60

20

12

60

18

钻模板2

| 制图 | | 图号 | HT-22-131 |
| 审核 | | 材料 | 45 |

CAD集训中心

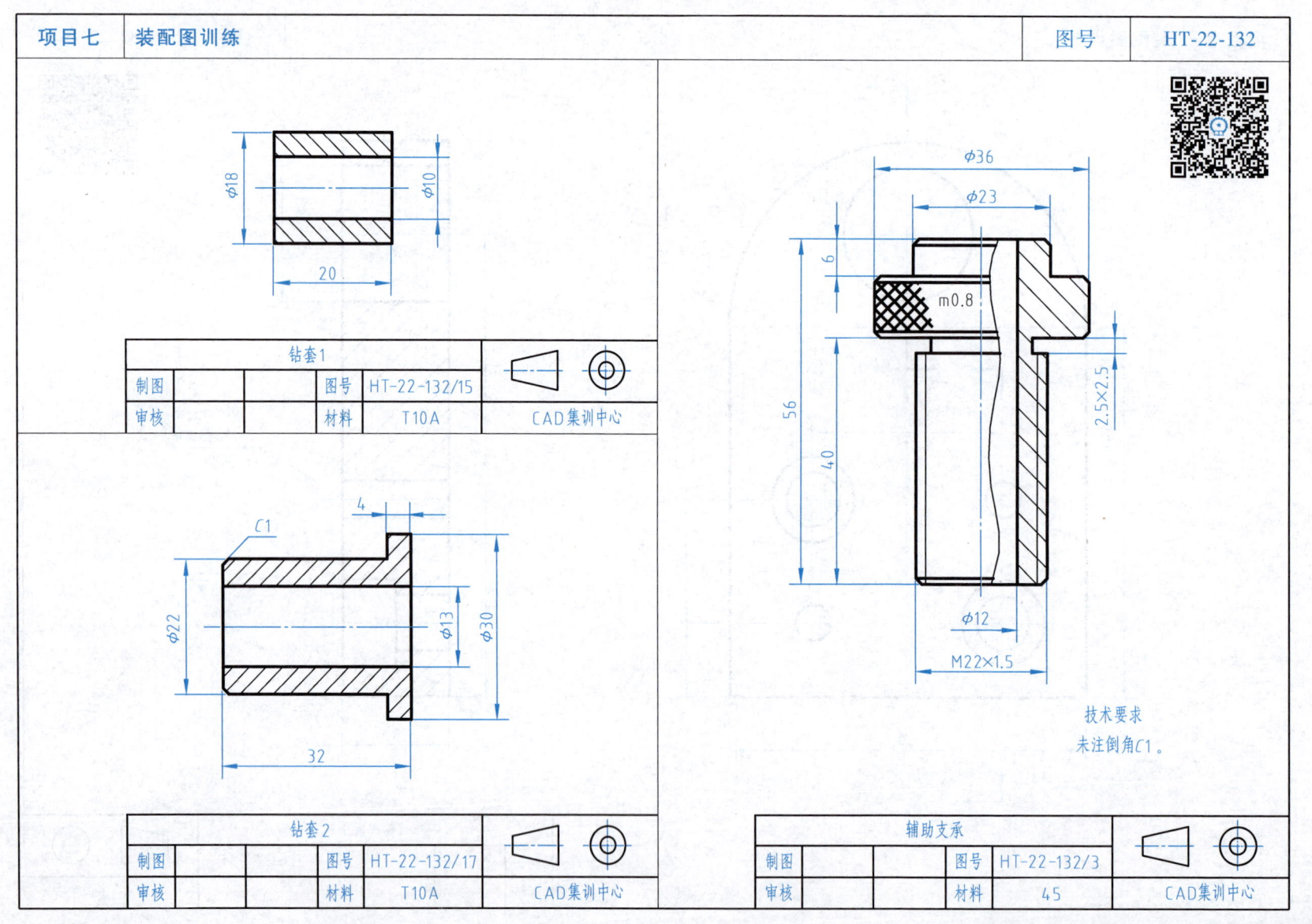

项目七	装配图训练		图号	HT-22-132

钻套1				
制图		图号	HT-22-132/15	
审核		材料	T10A	CAD集训中心

钻套2				
制图		图号	HT-22-132/17	
审核		材料	T10A	CAD集训中心

技术要求
未注倒角C1。

辅助支承				
制图		图号	HT-22-132/3	
审核		材料	45	CAD集训中心

| 项目七 | 装配图训练 | | 图号 | HT-22-133 |

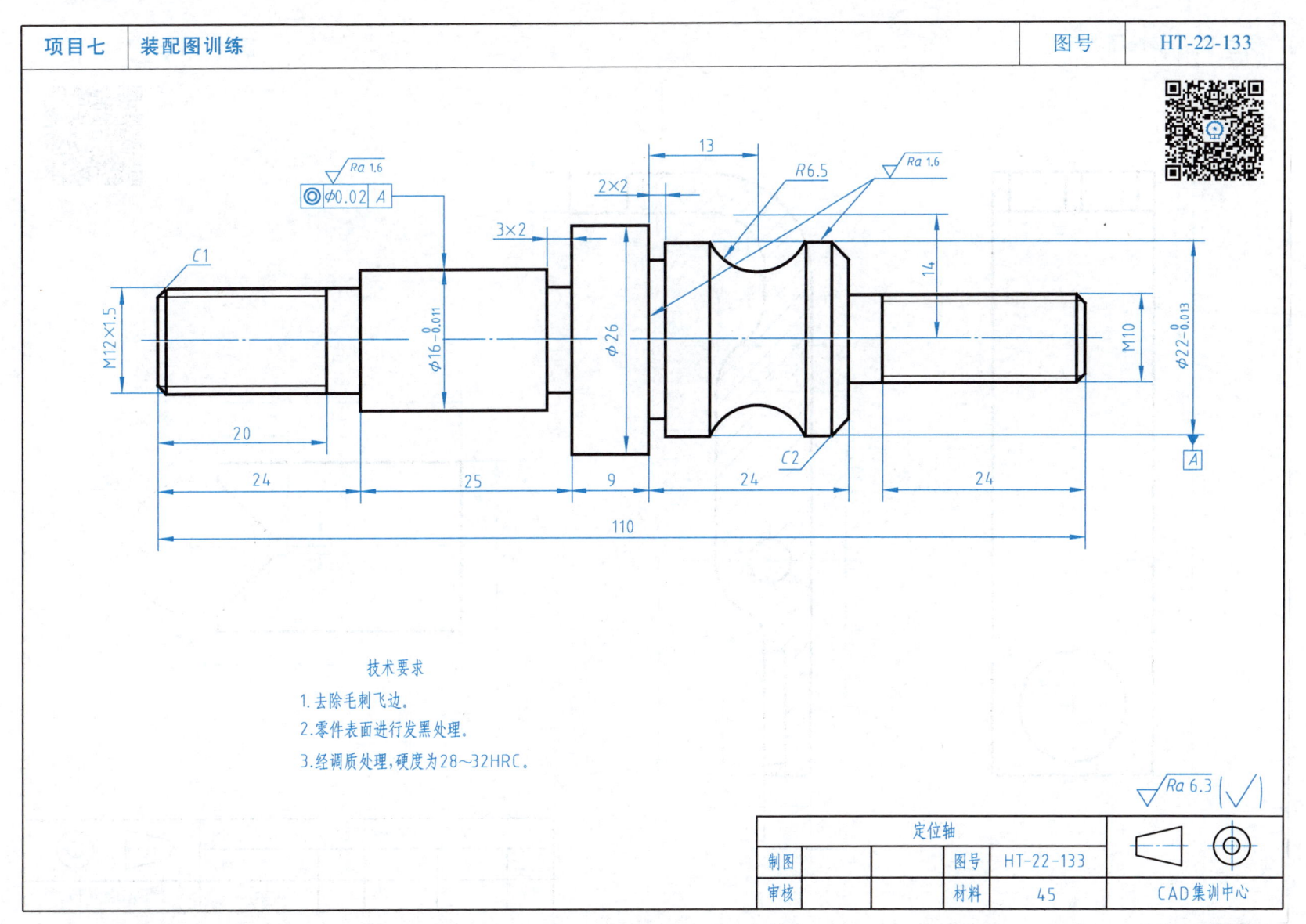

技术要求
1. 去除毛刺飞边。
2. 零件表面进行发黑处理。
3. 经调质处理,硬度为28~32HRC。

| 定位轴 |
| 制图 | | 图号 | HT-22-133 |
| 审核 | | 材料 | 45 |

CAD集训中心

· 133 ·

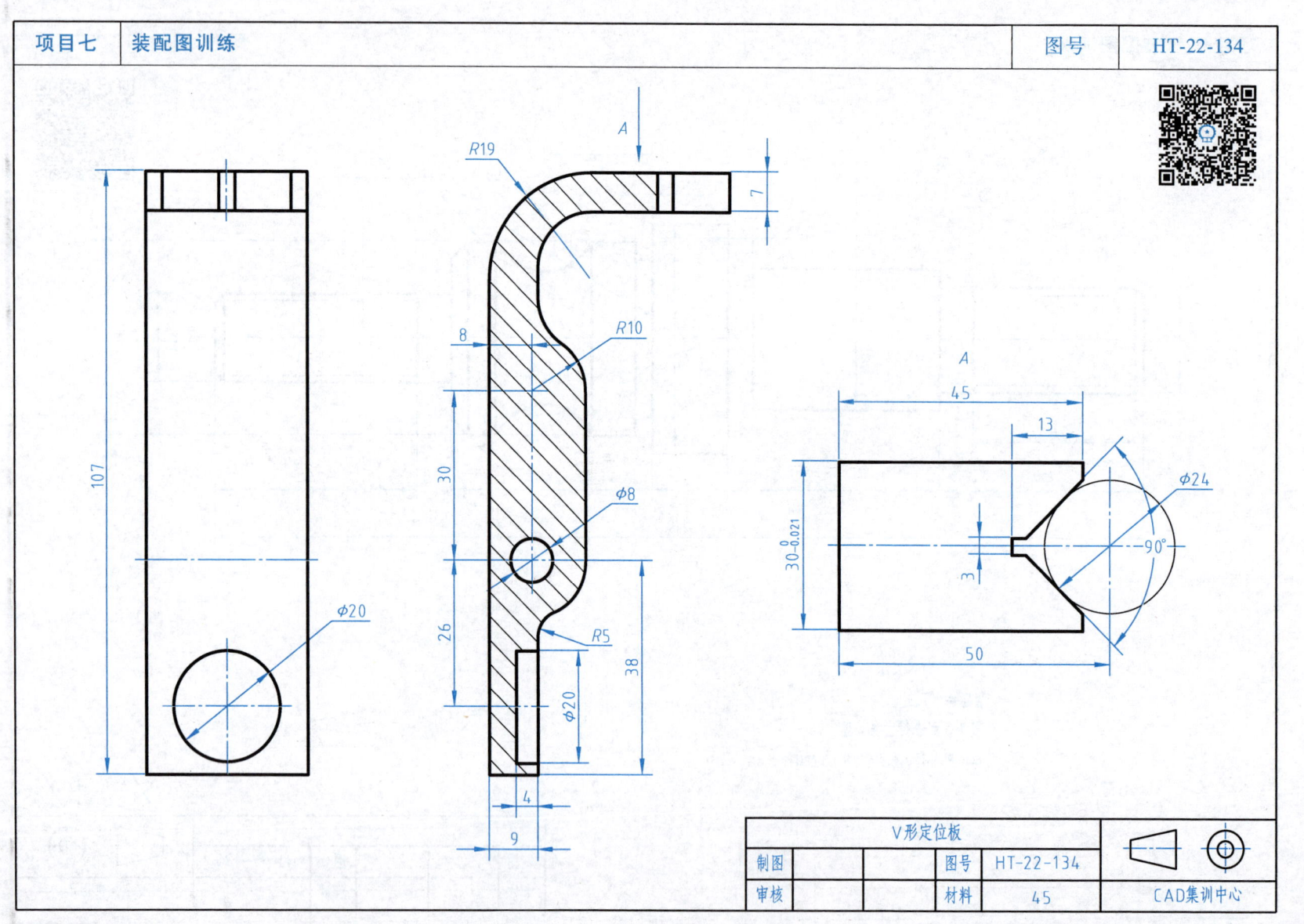

| 项目七 | 装配图训练 | 图号 | HT-22-134 |

4
13
3

V形定位板				
制图			图号	HT-22-134
审核			材料	45

CAD集训中心

· 134 ·

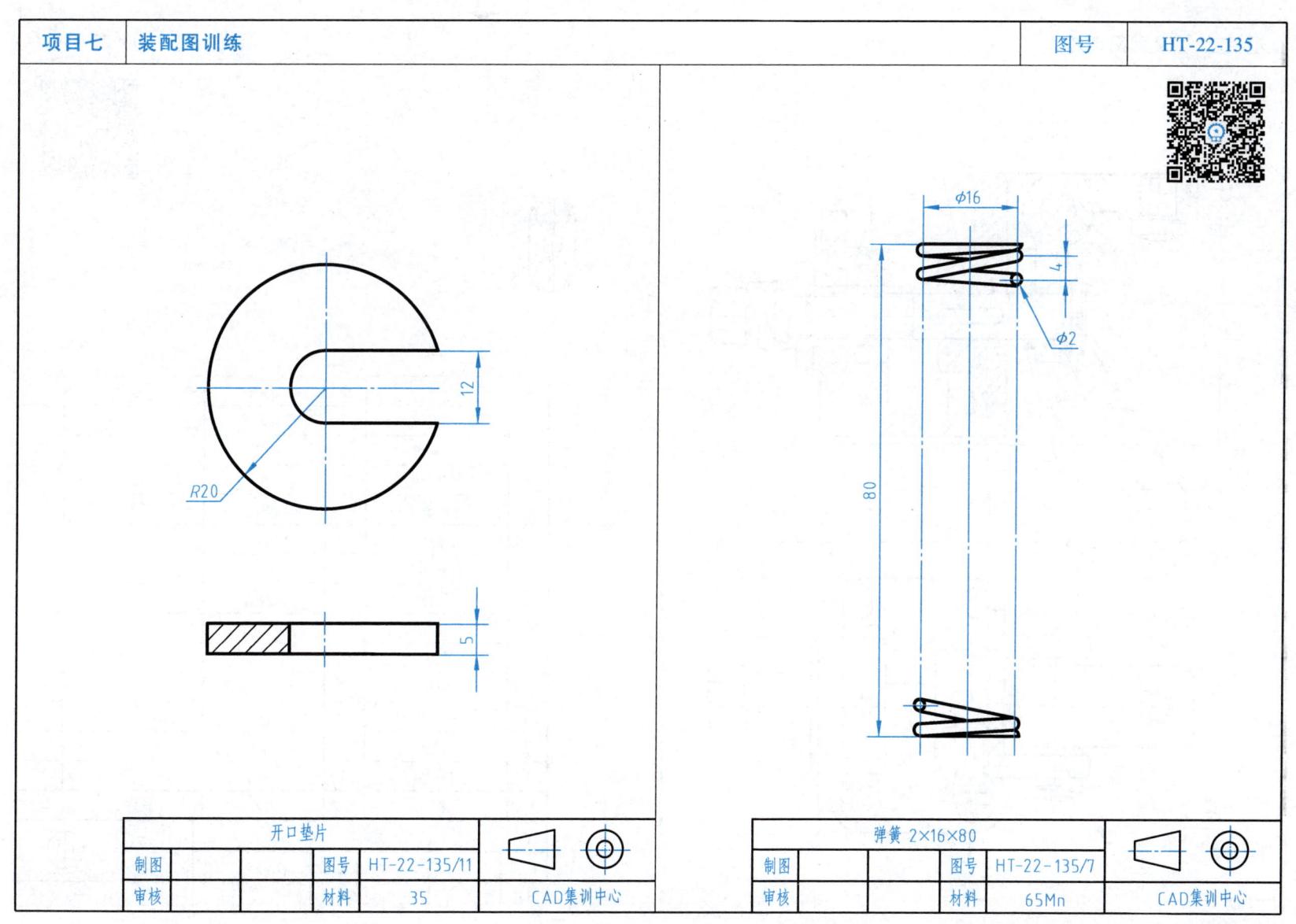

开口垫片				
制图			图号	HT-22-135/11
审核			材料	35

CAD集训中心

弹簧 2×16×80				
制图			图号	HT-22-135/7
审核			材料	65Mn

CAD集训中心

| 项目七 | 装配图训练 | | 图号 | HT-22-136 |

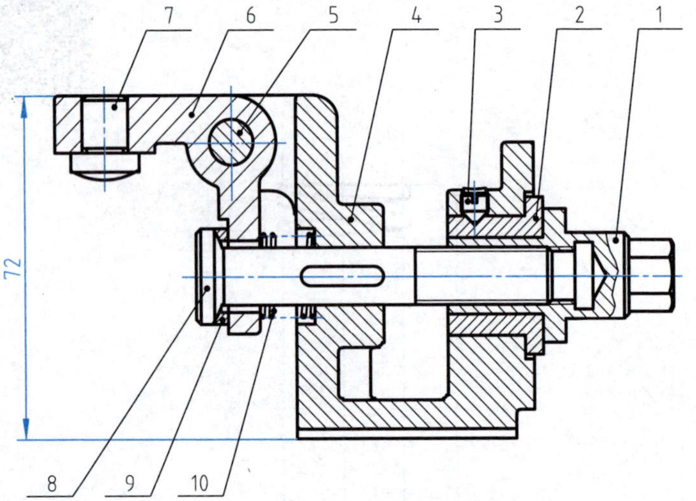

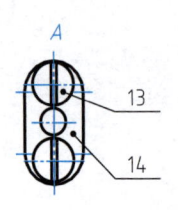

技术要求
1. 零件在装配前必须清理和清洗干净。
2. 装配后锁紧螺杆必须转动灵活。

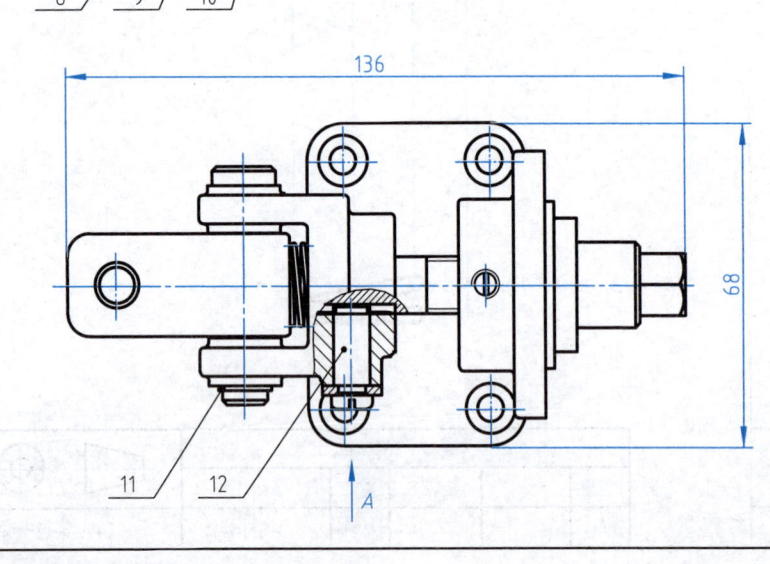

14	挡板	1	45	
13	盘头螺钉M5×8	2	Q235	GB/T 67—2016
12	定向销	1	35	
11	弹性挡圈	1	65Mn	GB/T 894—2017
10	压簧	1	65Mn	GB/T 2089—2009
9	球垫	1	35	
8	拉紧螺杆	1	45	
7	压钉	1	T8A	
6	杠杆	1	45	
5	转轴	1	45	
4	底座	1	HT150	
3	紧定螺钉M6×6	1	Q235	GB/T 71—2018
2	轴套	1	45	
1	锁紧螺杆	1	45	
序号	名称	数量	材料	标准	备注

压紧机构

| 制图 | | 图号 | HT-22-136 |
| 审核 | | 材料 | |

CAD集训中心

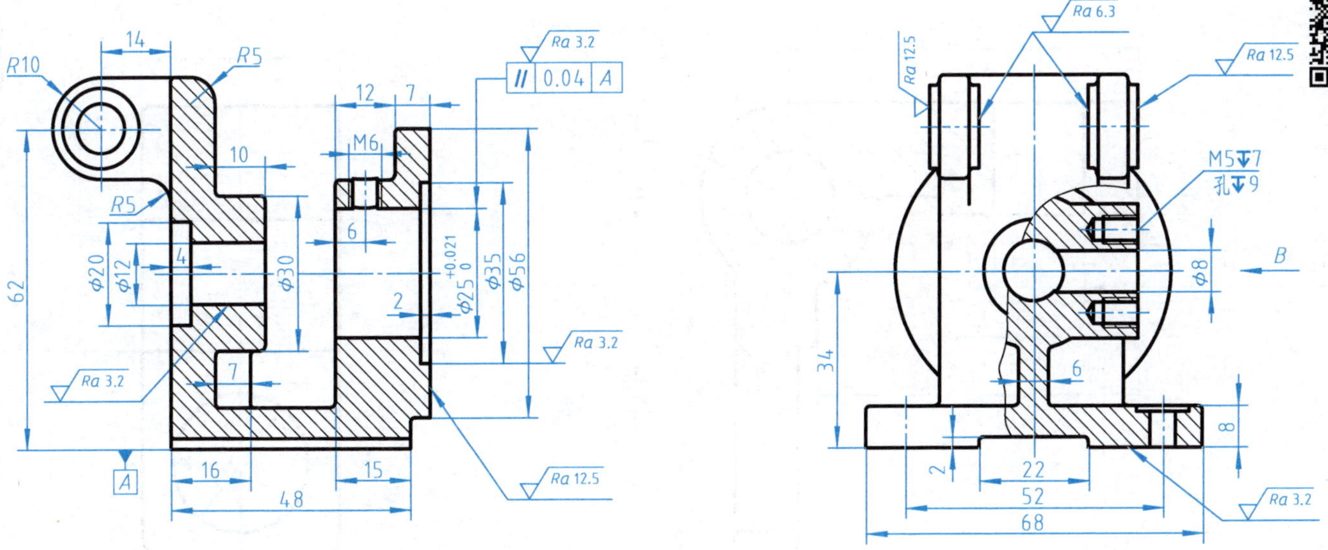

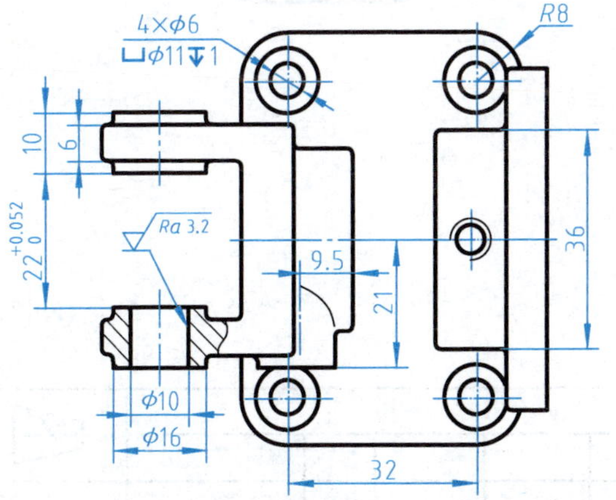

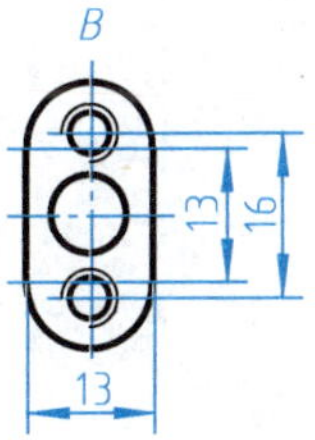

项目七 | 装配图训练 | 图号 | HT-22-137

7
2
7
2
22

21

13
13

技术要求

1. 未注铸造圆角R1。
2. 铸件不许有裂纹、气孔和疏松等缺陷。

底座			
制图		图号	HT-22-137
审核		材料	HT150

CAD集训中心

· 137 ·

项目七 装配图训练 图号 HT-22-138

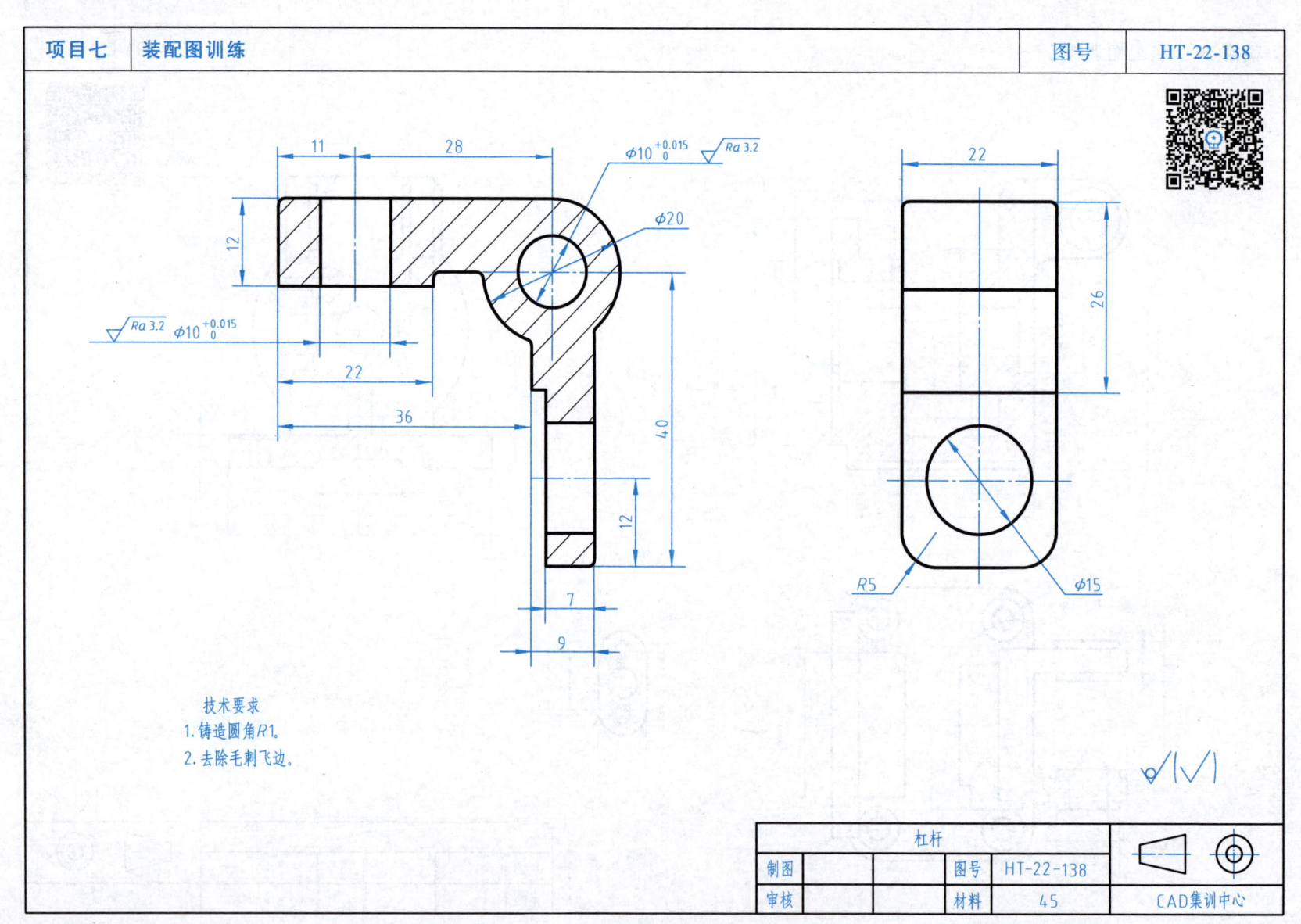

22
22

技术要求

1. 铸造圆角$R1$。
2. 去除毛刺飞边。

杠杆					
制图			图号	HT-22-138	
审核			材料	45	CAD集训中心

· 138 ·

| 项目七 | 装配图训练 | | 图号 | HT-22-139 |

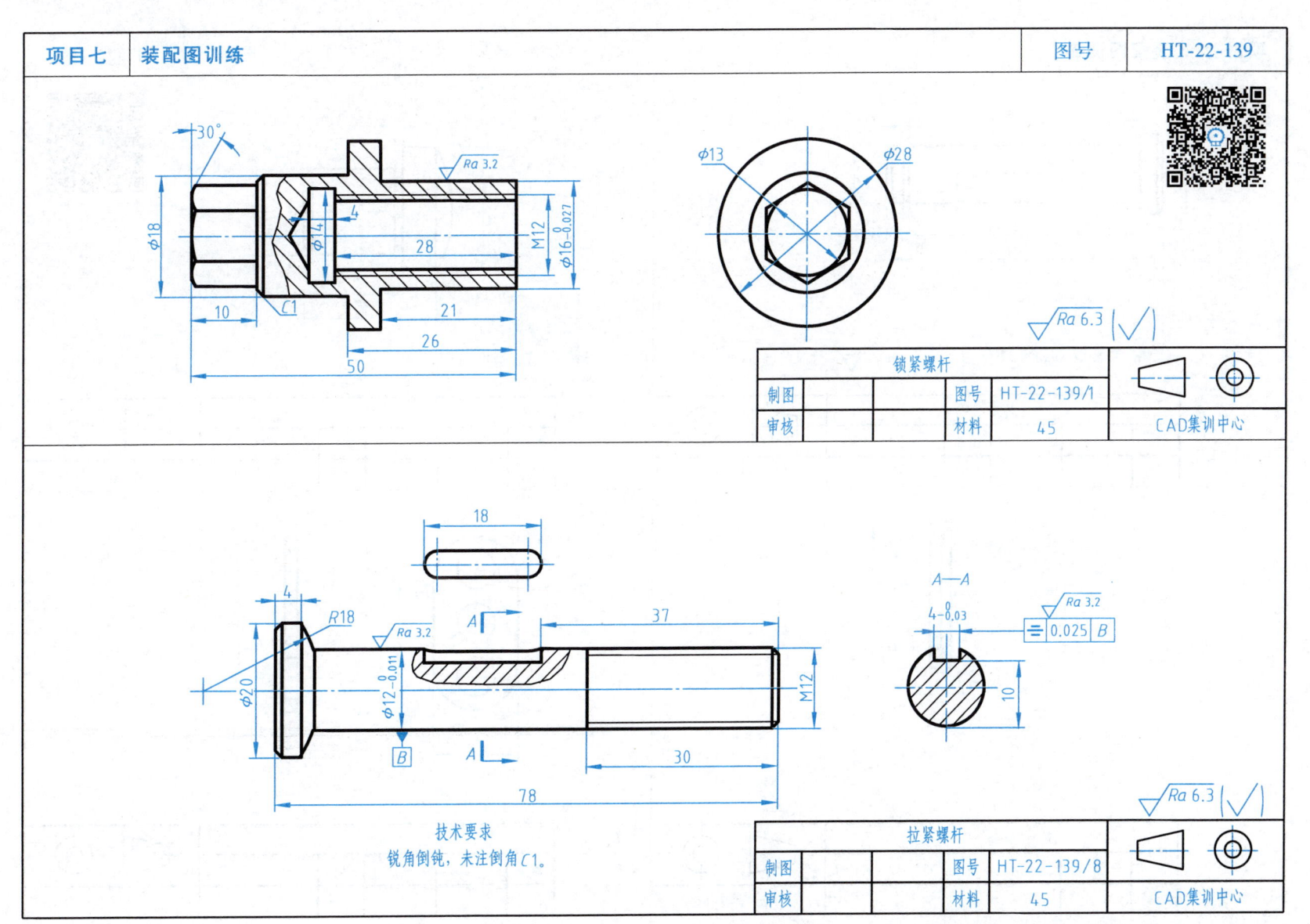

	锁紧螺杆		
制图		图号	HT-22-139/1
审核		材料	45

CAD集训中心

技术要求
锐角倒钝，未注倒角C1。

	拉紧螺杆		
制图		图号	HT-22-139/8
审核		材料	45

CAD集训中心

· 139 ·

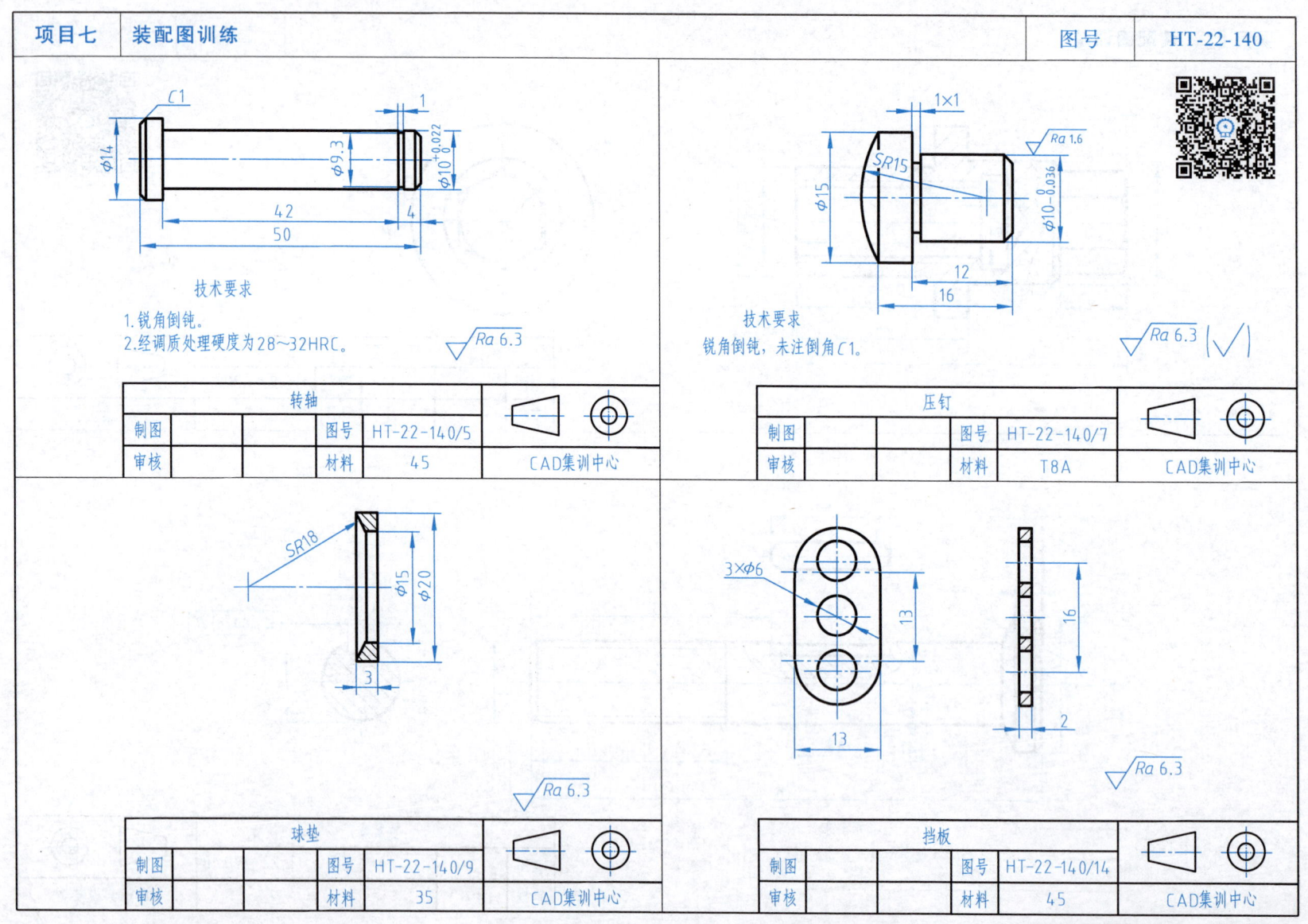

| 项目七 | 装配图训练 | 图号 | HT-22-140 |

1
4

技术要求

1. 锐角倒钝。
2. 经调质处理硬度为28~32HRC。

Ra 6.3

转轴					
制图			图号	HT-22-140/5	
审核			材料	45	CAD集训中心

技术要求

锐角倒钝，未注倒角C1。

Ra 6.3 (√)

压钉					
制图			图号	HT-22-140/7	
审核			材料	T8A	CAD集训中心

Ra 6.3

球垫					
制图			图号	HT-22-140/9	
审核			材料	35	CAD集训中心

2

Ra 6.3

挡板					
制图			图号	HT-22-140/14	
审核			材料	45	CAD集训中心

· 140 ·

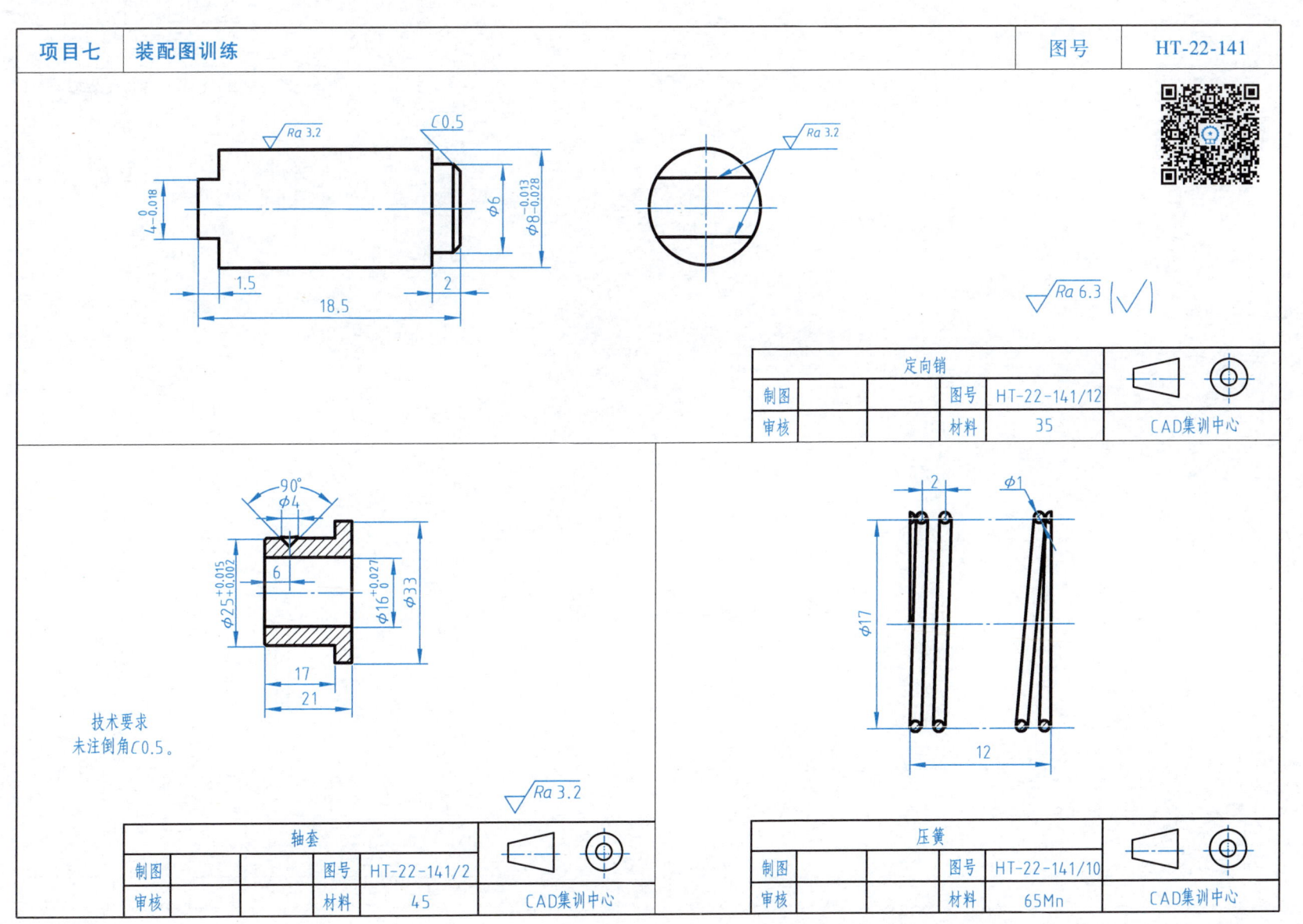

项目七	装配图训练	图号	HT-22-141

Ra 6.3 (√)

定向销					
制图			图号	HT-22-141/12	
审核			材料	35	CAD集训中心

技术要求
未注倒角C0.5。

Ra 3.2

轴套					
制图			图号	HT-22-141/2	
审核			材料	45	CAD集训中心

压簧					
制图			图号	HT-22-141/10	
审核			材料	65Mn	CAD集训中心

2